JN273117

一般計量士

国家試験問題 解答と解説

1. 一基・計質 （計量に関する基礎知識／計量器概論及び質量の計量）

（平成24年～26年）

一般社団法人　日本計量振興協会 編

コロナ社

『平成24年〜26年 一般計量士 国家試験問題 解答と解説』正誤表

このたびは本書をお買い上げくださり、誠にありがとうございます。本書には下記のような記述がありました。
ここに訂正し、謹んでお詫び申し上げます。

ページ	箇所	誤	正
25	第62回（平成24年3月実施）の問25の問題文1行目	レイノルズ数 Re は $Re = Lv\rho/\mu$ で…	レイノルズ数 Re は $Re = Lv\rho/\mu$ で…（ρ（ピー）ではなく ρ（ロー）が正しい）
44	第63回（平成25年3月実施）の問17の「解説」の4行目	…であるから、$2 = e^{\frac{0.69}{T}}$。ゆえに	…であるから、$2 = e^{\frac{0.69}{T}}$。ゆえに
44	第63回（平成25年3月実施）の問17の「解説」の8行目	$\cdots = \dfrac{0.69 \cdot N_0}{T} e^{-\frac{0.60t}{T}}\bigg\|_{t=0} = \cdots$	$\cdots = \dfrac{0.69 \cdot N_0}{T} e^{-\frac{0.69t}{T}}\bigg\|_{t=0} = \cdots$
45	第63回（平成25年3月実施）の問18の「解説」の1〜2行目	…(1) 電流の向きが同じ場合は圧力、(2) 電流の向きがたがいに逆の場合は引力が働く…	…(1) 電流の向きが同じ場合は斥力、(2) 電流の向きがたがいに逆の場合は引力が働く…
48	第63回（平成25年3月実施）の問21の「解説」の1〜3行目	…にする。$h = 100$ m の高さにある $m = 1$ kg の水の位置エネルギーは、$mgh = 1 \times 9.8 \times 100 = 980$ J である。これを 1 kg の水の熱容量 4200 J/(kg·K) で割ると…	…にする。$h = 100$ m の高さにある 1 kg ふたつの水の位置エネルギーは、$mgh = 1 \times 9.8 \times 100/1 = 980$ J/kg である。これを水の比熱 4.2 J/(g·K) = 4200 J/(kg·K) で割ると…
51	第63回（平成25年3月実施）の問25の選択肢	1　$V = \sqrt{\cdots}$ 2　$V = \sqrt{\cdots}$ 3　$V = \sqrt{\cdots}$ 4　$V = \sqrt{\cdots}$ 5　$V = \sqrt{\cdots}$	1　$V = \sqrt{\cdots}$ 2　$V = \sqrt{\cdots}$ 3　$V = \sqrt{\cdots}$ 4　$V = \sqrt{\cdots}$ 5　$V = \sqrt{\cdots}$
129	第63回（平成25年3月実施）の問22の「解説」の下から3行目	…とすると、$P \cdot b$ と $Q \cdot c$ は負となる。	…とすると、$P \cdot b$ と $Q \cdot c$ は負となる。

計量士をめざす方々へ
(序にかえて)

　近年，社会情勢や経済事情の変革にともなって産業技術の高度化が急速に進展し，有能な計量士の有資格者を求める企業が多くなっております。

　しかし，計量士の国家試験はたいへんむずかしく，なかなか合格できないと嘆いている方が多いようです。

　本書は，計量士の資格を取得しようとする方々のために，最も能率的な勉強ができるよう，この国家試験に精通した専門家の方々に執筆をお願いして編集しました。

　内容として，専門科目あるいは共通科目ごとにまとめてありますので，どの分野からどんな問題が何問ぐらい，どのへんに出ているかを研究してください。そして，本書に沿って，問題を解いてみてはいかがでしょう。何回か繰り返し演習を行うことにより，かなり実力がつくといわれています。

　もちろん，この解説だけでは納得がいかない場合もあるかもしれません。そのときは適切な参考書を求めて，その部分を勉強してください。

　そして，実際の試験場では，どの問題が得意な分野なのか，本書によって見当がつくわけですから，その得意なところから始めると良いでしょう。なお，解答時間は，1問当り3分たらずであることに注意してください。

　さあ，本書なら，どこでも勉強できます。本書を友として，ぜひとも合格の栄冠を勝ち取ってください。

2014年11月

　　　　　　　　　　　　　　　　　　　一般社団法人　日本計量振興協会

目　　　次

1. 計量に関する基礎知識　　基

1.1　第 62 回（平成 24 年 3 月実施） ………………………………………… *1*
1.2　第 63 回（平成 25 年 3 月実施） ………………………………………… *27*
1.3　第 64 回（平成 26 年 3 月実施） ………………………………………… *53*

2. 計量器概論及び質量の計量　　計質

2.1　第 62 回（平成 24 年 3 月実施） ………………………………………… *82*
2.2　第 63 回（平成 25 年 3 月実施） ………………………………………… *104*
2.3　第 64 回（平成 26 年 3 月実施） ………………………………………… *135*

　本書は，平成 24 年〜26 年に実施された問題をそのまま収録し，その問題に解説を施したもので，当時の法律に基づいて編集されております。したがいまして，その後の法律改正での変更（例えば，省庁などの呼称変更，法律の条文・政省令などの変更）には対応しておりませんのでご了承下さい。

1. 計量に関する基礎知識

| 一 基 |

1.1 第62回（平成24年3月実施）

---- 問 1 ----

次の複素数の中から，$1+\sqrt{3}\,i$ に等しいものを一つ選べ。ただし，i は虚数単位，e は自然対数の底である。

1　$3e^{\pi i}$
2　$3e^{\frac{\pi}{2}i}$
3　$2e^{\frac{\pi}{3}i}$
4　$2e^{\frac{\pi}{4}i}$
5　$e^{\frac{\pi}{6}i}$

[題意]　オイラーの公式に関する知識を問う。

[解説]　オイラーの公式

$$a\,e^{ib} = a\cos b + ia\sin b$$

の右辺が $1+\sqrt{3}\,i$ となるときの左辺を求めればよい。右辺が $1+\sqrt{3}\,i$ となるとき

$$a\cos b = 1 \tag{1}$$
$$a\sin b = \sqrt{3} \tag{2}$$

である。この2式を辺々相除すると $\tan b = \sqrt{3}$ であるから，$b = \pi/3$ であればこの条件が満たされることがわかる。また，$\cos(\pi/3) = 1/2$ であるから式 (2) より，$a = 2$ である。このとき，オイラーの公式の左辺は $2e^{\frac{\pi}{3}i}$ となる。

[正解]　3

1. 計量に関する基礎知識

[問] 2

等比数列の和の極限である $\lim_{n \to \infty} \sum_{k=1}^{n} \dfrac{1}{2^k} = \dfrac{1}{2} + \dfrac{1}{4} + \dfrac{1}{8} + \dfrac{1}{16} + \cdots$ の値を，次の中から一つ選べ．

1   1
2   $\dfrac{3}{2}$
3   2
4   $\dfrac{5}{2}$
5   3

[題意] 等比数列の和に関する知識を問う．

[解説] 有限個（n 個）の項の和を S_n とし，n が無限大のときの和の極限値を S とする．すなわち

$$S_n = \sum_{k=1}^{n} \dfrac{1}{2^k}$$

$$S = \lim_{n \to \infty} S_n$$

$2S_n$ と S_n を和の形に展開して各項を比べてみると，最初と最後のほうが異なるだけで中間は同じだから

$$2S_n = 1 + S_n - \dfrac{1}{2^n}$$

ゆえに

$$S_n = 1 - \dfrac{1}{2^n}$$

したがって，n が無限大の極限では

$$S = \lim_{n \to \infty}\left(1 - \dfrac{1}{2^n}\right) = 1$$

（別解） 計算を丁寧にたどるのではなく，最初から無限個の項の和 S だけを考えると，$2S = S + 1$ であるから，$S = 1$ であることがただちにわかる．

[正解] 1

問 3

下のグラフに示される曲線にもっとも近い関数を，次の中から一つ選べ。ただし，e は自然対数の底で，その値は約 2.7 である。

1　$y = e^{-t}$

2　$y = e^{-\frac{t}{2}}$

3　$y = e^{-\frac{t}{3}}$

4　$y = e^{-\frac{t}{5}}$

5　$y = e^{-\frac{t}{10}}$

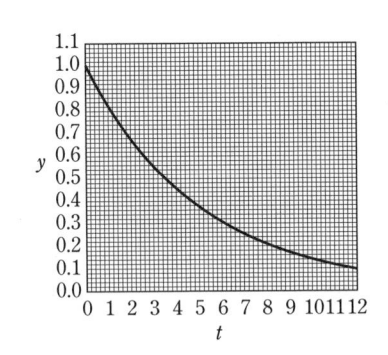

題意　指数関数の基礎知識を問う。計算しやすい点を一つだけ選んで値を求め，グラフと比べればよい。

解説　指数関数の肩が -1 のとき，$y = e^{-1} = 1/2.7 = 0.37$ である。グラフを見ると，$y = 0.37$ になるのは $t = 5$ のときである。これに対応する関数（$t = 5$ のとき肩が -1 になる指数関数）は $y = e^{-t/5}$ である。

正解　4

問 4

次のそれぞれの式の右辺は，実数 x の絶対値が 1 より十分小さいとし，左辺を多項式展開して x の 1 次の項までを用いて近似したものである。この中から，誤っているものを一つ選べ。

ただし，記号 $\approx$ は近似的に等しいことを表し，n は 2 以上の自然数とする。また，e は自然対数の底であり，$\log x$ は x の自然対数を表す。

1　$\cos x \approx 1$

2　$e^x \approx 1 + \dfrac{1}{2}x$

3　$\sin x \approx x$

4 $\log(1+x) \approx x$

5 $(1+x)^n \approx 1+nx$

【題意】 関数のテイラー展開の問題である。微分を使えば公式は簡単に導けるが，記憶しやすい形をしているので覚えておくべきである。

【解説】 関数 $f(x)$ を $x=0$ のまわりにテイラー展開すると

$$f(x) = f(0) + \left(\frac{df}{dx}\right)_{x=0} \cdot x + \cdots\cdots$$

選択肢の関数を上の公式を用いて展開すると

$\cos x = \cos(0) - \sin(0) \cdot x + \cdots = 1 + \cdots$

$e^x = e^0 + e^0 \cdot x + \cdots = 1 + x \cdots$

$\sin x = \sin(0) + \cos(0) \cdot x + \cdots = x + \cdots$

$\log(1+x) = \log(1) + \left(\dfrac{1}{1+x}\right)_{x=0} \cdot x + \cdots = x + \cdots$

$(1+x)^n = 1^n + (n(1+x)^{n-1})_{x=0} \cdot x + \cdots = 1 + nx + \cdots$

以上の式を各選択肢の右辺と比較してみると，**2** が誤りであることがわかる。

【正解】 **2**

【問】 **5**

x が実数のとき，$f(x) = 4\cos^2(x) - \sin(2x) - 2\cos(2x)$ の最大値として正しいものを，次の中から一つ選べ。

1 1

2 $1+\sqrt{2}$

3 2

4 $2+\sqrt{2}$

5 3

【題意】 三角関数の知識を問う。

【解説】 三角関数の倍角公式，$\cos(2x) = \cos^2 x - \sin^2 x$ を利用して $f(x)$ を変形すると

$$f(x) = 4\cos^2 x - \sin(2x) - 2\cos(2x)$$
$$= 2\cos^2 x - \sin(2x) + 2\sin^2 x$$
$$= 2 - \sin(2x)$$

$-1 \leq \sin(2x) \leq 1$ であるから，$f(x)$ は $\sin(2x) = -1$ のとき最大になって，最大値は 3 である。

[正 解] 5

[問] 6

xy 平面上の直線 $(a-2)x + (2a-3)y = -(4a-5)$ は，a の値にかかわらず，ある定点を通る。この定点の座標として正しいものを，次の中から一つ選べ。

1　$(0, 0)$
2　$(1, -2)$
3　$(2, -3)$
4　$(4, -5)$
5　$(-4, 5)$

[題 意] 代数の知識を問う。ちょっとひねってある。

[解 説] 直線の式，$(a-2)x + (2a-3)y = -(4a-5)$ を変形して，a についてまとめると

$$a(x + 2y + 4) = 2x + 3y + 5$$

となる。したがって

$$x + 2y + 4 = 0$$
$$2x + 3y + 5 = 0$$

を同時に満たす点 (x, y) は a の値に関係なく直線の式を満たす。上の連立一次方程式の解は，$(x, y) = (2, -3)$ である。

[正 解] 3

------- 問 7 -------

xy 平面の第 1 象限内において，2 つの曲線 $y=x^3$ と $x=y^3$ で囲まれる部分の面積の値はいくらか。次の中から，正しいものを一つ選べ。

1　$\dfrac{1}{4}$

2　$\dfrac{1}{3}$

3　$\dfrac{1}{2}$

4　$\dfrac{2}{3}$

5　1

題意　積分の知識を問う。最初にグラフを描いてみて積分領域を確認すれば，積分そのものは困難ではない。

解説　二つの曲線が囲む部分は $x=0$ と $x=1$ の間にあり，その面積は

$$\int_0^1 \left(x^{\frac{1}{3}} - x^3\right) \mathrm{d}x = \left|\frac{3}{4}x^{\frac{4}{3}} - \frac{1}{4}x^4\right|_0^1 = \frac{1}{2}$$

である。

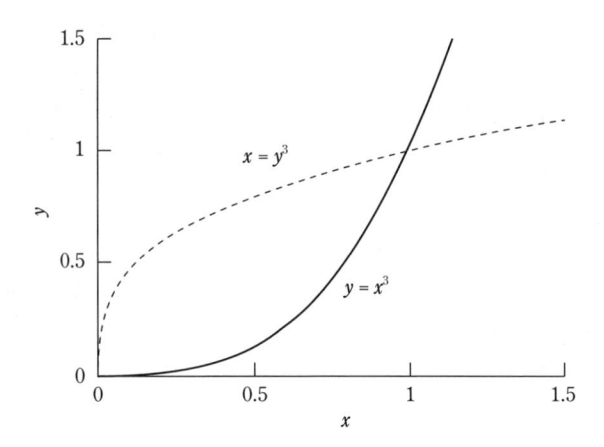

正解　3

問 8

行列 $\begin{pmatrix} a & -1 \\ 1 & 0 \end{pmatrix}$ がただ一つの固有値をもつ場合，これを満たす a の値を，次の中から一つ選べ．

1　1
2　2
3　3
4　4
5　5

[題意] 行列の固有値に関する知識を問う．公式を知っていれば計算は簡単であるが，知らなければその場で導くのは困難である．以前にも出題されているので計算法を覚えておくこと．公式は記憶しやすい形をしている．

[解説] 行列の固有値とはつぎのようなものである．正方行列 $\mathbf{A} = (a_{ij})$ が与えられたとき，$\mathbf{Ax} = \lambda\mathbf{x}$，すなわち

$$\begin{pmatrix} a_{11} & a_{12} & \cdots & a_{1n} \\ a_{21} & a_{22} & \cdots & a_{2n} \\ \cdots & \cdots & \cdots & \cdots \\ a_{n1} & a_{n2} & \cdots & a_{nn} \end{pmatrix} \begin{pmatrix} x_1 \\ x_2 \\ \cdots \\ x_n \end{pmatrix} = \lambda \begin{pmatrix} x_1 \\ x_2 \\ \cdots \\ x_n \end{pmatrix}$$

を満たす列ベクトル $\mathbf{x}$ とスカラー λ を求める問題を考える．もしベクトル $\mathbf{x}$ のすべての成分がゼロであれば，どのような正方行列 $\mathbf{A}$，スカラー λ に対しても $\mathbf{Ax} = \lambda\mathbf{x}$ が成立することは明らかである．このような解を「自明な解」という．

いくつかの特別な λ の値に対しては，ゼロベクトルでない $\mathbf{x}$ が $\mathbf{Ax} = \lambda\mathbf{x}$ を満たす．このとき，λ を $\mathbf{A}$ の固有値，$\mathbf{x}$ を λ に属する固有ベクトルという．与えられた正方行列 $\mathbf{A}$ に対して，λ と（非自明な）ベクトル $\mathbf{x}$ を求める問題を固有値問題という．

2 行 2 列の行列，$\mathbf{A} = \begin{pmatrix} a & b \\ c & d \end{pmatrix}$，の固有値 λ は

$$\begin{vmatrix} a-\lambda & b \\ c & d-\lambda \end{vmatrix} = 0$$

すなわち

8   1. 計量に関する基礎知識

$$(a-\lambda)(d-\lambda)-bc=0$$

を満たす λ である。この式は，零ベクトルでない解 **x** が存在するための条件を表しており，固有方程式という。もとの行列の対角成分から λ を引いて，その行列式を 0 に等しいとおけばよい。

本問題の行列は，上の行列において $b=-1$，$c=1$，$d=0$ の場合にあたるから，固有値は

$$(a-\lambda)(-\lambda)+1=\lambda^2-a\lambda+1=0$$

の解である。問題文より，この 2 次方程式は重根を持つことになるから，判別式 $D=a^2-4=0$ である。これを満たす a を選択肢の中から選ぶと $a=2$ である。ちなみに，このときの固有値は $\lambda=1$ のみで，問題文の条件と合う。

[正 解] 2

[問] 9

関数 $f(x)$ の導関数 $f'(x)$ が $\displaystyle\lim_{h\to 0}\frac{f(x+h)-f(x)}{h}$ で与えられるとき，極限 $\displaystyle\lim_{h\to 0}\frac{[f(x+2h)]^2-[f(x+h)]^2}{h}$ を表す式として正しいものを，次の中から一つ選べ。

1　$[f'(x)]^{-1}f(x)$
2　$-f'(x)[f(x)]^{-1}$
3　$3f'(x)[f(x)]^2$
4　$[f'(x)]^2 f(x)$
5　$2f'(x)f(x)$

[題 意] 導関数の知識を問う。定義式から導関数の形を探す。

[解 説] $t=x+h$ とおくと，$\displaystyle\lim_{h\to 0}t=x$。与えられた式を，導関数の定義に従って単に形式的に変形していくと

$$\lim_{h\to 0}\frac{\{f(x+2h)\}^2-\{f(x+h)\}^2}{h}$$

$$=\lim_{h\to 0}\frac{\{f(t+h)\}^2-\{f(t)\}^2}{h}$$

$$= \lim_{h \to 0} \{f(t)^2\}' = \{f(x)^2\}' = 2f(x)f'(x)$$

[正 解] 5

[問] 10

確率・統計に関する次の記述の中から,誤っているものを一つ選べ。
1 確率変数の範囲が無限大を含む確率密度関数は,単調非減少関数である。
2 度数分布表において,すべての度数に対する各階級の度数の比率を相対度数という。
3 2変量の相関係数は,その共分散を各々の変量の標準偏差の積で除した値である。
4 分散の正の平方根は標準偏差である。
5 相関係数は,-1以上,1以下の値となる。

[題 意] 統計に関する各種概念の理解を問う。

[解 説] 1 確率密度関数は,例えば正規分布の場合にはガウス型の関数であって,確率変数の単調非減少関数ではない。誤り。ちなみに,確率密度関数を,$-\infty$からxの間の区間で積分した累積分布関数(または単に分布関数)は単調非減少関数である。

2 相対度数の定義であって正しい。

3 相関係数の定義であって正しい。式で書くと,2組の数値からなるデータ列 (x_i, y_i), $i = 1, 2 \cdots n$ が与えられたとき,相関係数 r は

$$r = \frac{\sum_{i=1}^{n}(x_i - \overline{x})(y_i - \overline{y})}{\sqrt{\sum_{i=1}^{n}(x_i - \overline{x})^2}\sqrt{\sum_{i=1}^{n}(y_i - \overline{y})^2}}$$

である。ただし,$\overline{x}$ と $\overline{y}$ は,それぞれ x_i, y_i の平均値である。

4 標準偏差の定義から正しい。

5 相関係数は -1 から $+1$ の間の実数値をとり,$+1$ に近いときは二つの確率変数には正の相関があるといい,-1 に近ければ負の相関があるという。0に近いときは確率変数の相関は弱い。相関が完全な場合,例えば上の式においてすべての x_i と y_i が比

例するとき $(y_i = ax_i ; i = 1, 2 \cdots n)$，比例係数 a の正負に応じて相関係数が +1 になったり −1 になったりすることがわかる。正しい。

[正解] 1

---- [問] 11 ----

下の表は，あるゲームでの得点表である。この得点分布の標準偏差に最も近い値を，次の中から一つ選べ。

1 0.8
2 1.0
3 1.2
4 1.8
5 2.3

得点	3	4	6	8	
回数	1	2	1	1	計5回

[題意] 標準偏差に関する知識を問う。与えられたデータから標準偏差を計算する。

[解説] 5回のゲームの平均点は，$(3 + 2 * 4 + 6 + 8)/5 = 5$。したがって分散は
$$\sigma^2 = \frac{(3-5)^2 + 2*(4-5)^2 + (6-5)^2 + (8-5)^2}{5} = 3.2$$
ゆえに，標準偏差 $\sigma = \sqrt{3.2} = 1.8$ である。

[正解] 4

---- [問] 12 ----

5枚の札に 1, 2, 3, 4, 5 の番号を振り，壺の中に入れた。この壺の中から2枚の札を無作為に取り出したとき，その2枚に振られた番号が表す数の和の期待値に最も近い値を，次の中から一つ選べ。

1 4.5
2 5.0
3 5.5
4 6.0

5 6.5

［題意］ 期待値に関する理解を問う。期待値とは，確率変数の値とその値が実現する確率との積の総和をとったものである。

［解説］ 5枚の札から2枚の札を選び出す方法の数は，$_5C_2 = \dfrac{5\times 4}{2!} = 10$ 通りある。どの組合せを引く確率も同じであるから，組合わせの一つを得る確率は $1/10$ である。これらを和の値で分類して列挙すると以下のとおり。

和 (S_i)	札の組合せ	和が S_i である確率 (p_i)
3	(1と2) のみ	1/10
4	(1と3) のみ	1/10
5	(1と4), (2と3) の二つ	2/10
6	(1と5), (2と4) の二つ	2/10
7	(2と5), (3と4) の二つ	2/10
8	(3と5) のみ	1/10
9	(4と5) のみ	1/10

期待値の定義により，和 S_i の期待値は

$$\sum_i p_i \cdot S_i = (3\times 0.1 + 4\times 0.1 + 5\times 0.2 + 6\times 0.2 + 7\times 0.2 + 8\times 0.1 + 9\times 0.1)$$
$$= 6.0$$

［正解］ 4

［問］13

焦点距離が 10 cm の凸レンズがある。このレンズの光軸上で，レンズ中心から左側 50 cm のところに物体を置いたとき，レンズの右側にできる実像はレンズ中心から何 cm のところにあるか。次の中から，最も近いものを一つ選べ。

1　5.0 cm
2　7.5 cm
3　10.0 cm
4　12.5 cm

5 15.0 cm

[題意] レンズの公式に関する知識を問う。

[解説] レンズと物体の距離を a, レンズと像の距離を b, レンズの焦点距離を f とするとき, レンズの公式

$$\frac{1}{a} + \frac{1}{b} = \frac{1}{f}$$

において, 問題文より $a = 50$ cm, $f = 10$ cm を代入すると, $b = 50/4 = 12.5$ cm である。

[正解] 4

[問] 14

振動数 f_0 のサイレンを鳴らしながら走っている救急車が, 静止している人に対して一定速度 v で近づき, その後に同じ速度で遠ざかっていく。近づくときにその人に聞こえる音の振動数を f_1, 遠ざかるときに聞こえる音の振動数を f_2, 音の伝わる速さを V とすると, f_1 および f_2 はどの式で表されるか。次の中から, 正しい組み合わせを一つ選べ。

1. $f_1 = f_0 \dfrac{V}{V-v}$, $f_2 = f_0 \dfrac{V}{V+v}$

2. $f_1 = f_0 \dfrac{V}{V+v}$, $f_2 = f_0 \dfrac{V}{V-v}$

3. $f_1 = f_0 \dfrac{V-v}{V}$, $f_2 = f_0 \dfrac{V+v}{V}$

4. $f_1 = f_0 \dfrac{V+v}{V}$, $f_2 = f_0 \dfrac{V-v}{V}$

5. $f_1 = f_0 \dfrac{V+v}{V-v}$, $f_2 = f_0 \dfrac{V-v}{V+v}$

[題意] ドップラー効果の知識を問う。公式を記憶していれば簡単に解ける。記憶していなくても〔解説〕に説明したように考えれば解ける。公式は記憶しやすい形をしているので覚えておいたほうがよい。

[解説] 問題文の位置関係を図に示す。記号の意味は以下の通り。

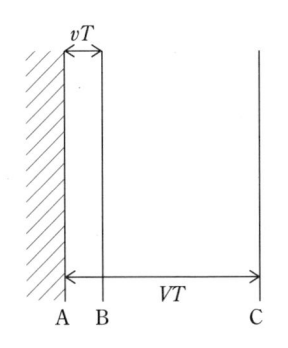

T：サイレンの振動周期（救急車が静止しているときに観測者が聞くサイレン音の周期）
V：音の伝わる速さ
v：救急車の速さ

(1) 救急車が観測者に近づいてくる場合：

救急車のサイレンの発音体が位置 A にあるときに一つの波面を放射したとする。時間 T が経過するとその波面は位置 C にあり，発音体は B の位置にある。発音体は B の位置でつぎの波面を放射するから，音波の波長 λ は BC 間の長さに等しくなる。

$$\lambda = VT - vT = T(V-v)$$

したがって観測者が聞く音の振動数は

$$f_1 = \frac{V}{\lambda} = \frac{V}{T(V-v)} = f_0 \frac{V}{V-v}$$

ここに，$f_0 = 1/T$ は救急車のサイレンの振動数（これは救急車が静止しているときに観測者が聞く振動数に等しい）である。

(2) 救急車が観測者を通り過ぎて離れていく場合：

この場合は，救急車の速度 v は変わらないが，音波の伝わる向きが後向きになるから，(1) の場合の f_1 の式において $V \to -V$ に置き換えればよい。

$$f_2 = f_0 \frac{-V}{-V-v} = f_0 \frac{V}{V+v}$$

〔正解〕 1

問 15

X 線に関する次の記述の中から，誤っているものを一つ選べ。

1　X 線は紫外線よりも波長の短い電磁波である。
2　X 線は透過力が強く，黒い紙で包んだ写真フィルムを感光させる。
3　放電管内で電子が高電圧で加速され，陽極にぶつかると X 線が発生する。

14   1. 計量に関する基礎知識

4 X線を食塩の結晶に当てると，結晶中の規則的に配列した原子が回折格子となり，観測用の写真フィルム上に規則的な斑点が現れる。

5 X線が物質にあたって散乱するとき，散乱したX線に元のX線より長い波長のX線が混ざる現象はコンプトン効果と呼ばれ，X線の波動性を示している。

[題意] X線の性質に関する知識を問う。

[解説] 各選択肢を順番に見ていくと，

1 基礎知識であって正しい。電磁波を波長の長い方から短い方へと列挙していくと，電波，赤外線，可視光，紫外線，X線，γ線の順である。

2 基礎知識であって正しい。紙だけでなく生体も透過するので，医療用のレントゲン撮影に用いられる。

3 正しい。X線管では，熱陰極から出る電子を高電圧で加速し，水冷した対陰極（陽極）に衝突させてX線を発生する。

4 正しい。結晶によるX線回折を用いた結晶構造解析は非常に広く行われている。

5 誤り。コンプトン効果はX線の粒子性を示す効果として知られている。光子（そのエネルギーは hv，運動量は hv/c）と電子との衝突において，エネルギー保存則と運動量保存則が成立しているとすると，X線波長の長波長側へのシフトがうまく説明できる。このことから，光子と電子が二つの粒子であるかのように衝突していることがわかる。

[正解] 5

[問] 16

ヨウ素Iの放射性同位体である ^{131}I の半減期は8日で，セシウムCsの放射性同位体である ^{137}Cs の半減期は30年である。各放射性同位体の量の時間変化に関する次の記述の中から，誤っているものを一つ選べ。

1 5日経過時点では ^{131}I の量は $\dfrac{1}{2}$ 以上である。

2 10日経過すると ^{131}I の量は $\dfrac{1}{4}$ 以下になっている。

3　2カ月経過すると ^{131}I の量は $\dfrac{1}{100}$ 以下になっている。

4　30年経過すると ^{137}Cs の量はおよそ $\dfrac{1}{2}$ になっている。

5　90年経過すると ^{137}Cs の量はおよそ $\dfrac{1}{8}$ になっている。

【題意】　放射性物質の半減期に関する基礎知識を問う。放射性物質の量は，半減期に相当する時間が経過するたびに半分になる。

【解説】　1　5日が経過しただけでは ^{131}I の半減期8日に達しないから，^{131}I は 1/2 以上残っている。正しい。

2　10日が経過しただけでは，半減期の2倍の16日に達しないから，^{131}I は 1/4 以上残っている。誤り。

3　2ヶ月は半減期の7倍以上だから，^{131}I は $1/2^7$，つまり 1/128 以下になっている。正しい。

4　半減期の定義より正しい。

5　90年は半減期の3倍だから，^{137}Cs は $1/2^3$，すなわち 1/8 に減少している。正しい。

【正解】　2

問 17

図に示すように，電気抵抗 R，コンデンサ C およびコイル L を組み合わせた回路が（a）から（d）まで4種類ある。それぞれの端子 A，B の間に同じ大きさの直流電圧を与えて定常状態に達するまで待ち，その後に A と B の端子間を流れる全電流の大きさを測定した。この全電流に関する次の記述の中から，正しいものを一つ選べ。

ただし，コイルは無視できない一定の電気抵抗値を持つものとする。

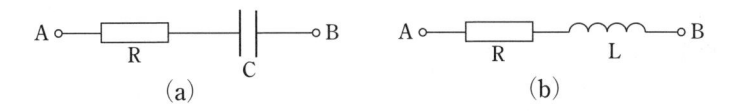

1. 計量に関する基礎知識

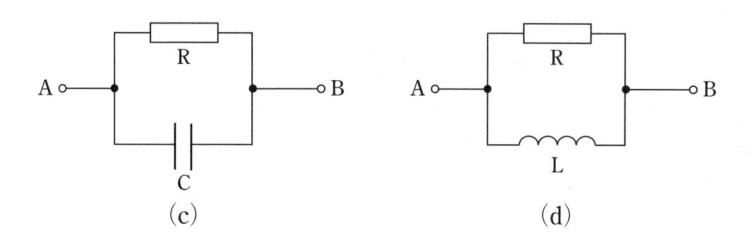

```
     ┌──[ R ]──┐              ┌──[ R ]──┐
A ○──┤        ├──○ B     A ○──┤        ├──○ B
     └──┤├────┘              └──⌇⌇⌇⌇───┘
         C                         L
        (c)                        (d)
```

1 回路 (a) の端子 AB 間に流れる全電流が最も大きい。

2 回路 (b) の端子 AB 間に流れる全電流が最も大きい。

3 回路 (c) の端子 AB 間に流れる全電流が最も大きい。

4 回路 (d) の端子 AB 間に流れる全電流が最も大きい。

5 回路 (a) から (d) のすべてにおいて，端子 AB 間に同じ大きさの全電流が流れる。

[題 意] 回路に関する基礎知識を問う。

[解 説] 「定常状態における直流電流値」が問われているから，コンデンサの部分では導通が切れていることに注目する。

コイルの内部抵抗を r とすると

・回路 (a) の直流電圧に対する抵抗（周波数 0 の入力電圧に対するインピーダンス）は無限大
・回路 (b) の抵抗は $R+r$
・回路 (c) は R
・回路 (d) は $Rr/(R+r)$

である。抵抗の小さいほうから並べると，(d), (c), (b), (a) の順である（$R \cdot r/(R+r)$ は R よりも小さいことに注意）。したがって，印加する直流電圧が同じならば，回路 (d) に最も大きい直流電流が流れる。なお，回路全体のインピーダンスが (a)〜(d) のそれぞれについて異なる以上，どの回路にも同じ電流が流れるということはない。

[正 解] **4**

---- **問 18** ----

図のように，コイルが巻かれた鉄心と回転する棒磁石からなる交流発電機があり，コイルの端子間には抵抗が接続されている。棒磁石を回転させたところ，コイルの端子間に交流の電圧が発生し，抵抗に交流電流が流れた。棒磁石の回転速度を増加させたとき，抵抗に流れる交流電流の最大値と周期はどのように変化するか。次の記述の中から，正しいものを一つ選べ。

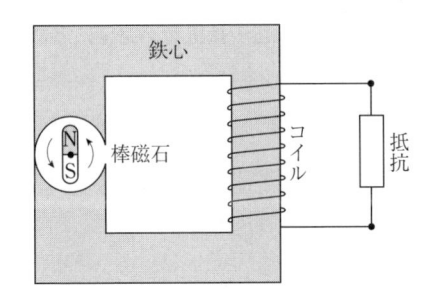

1 電流の最大値は大きくなり，周期は長くなる。
2 電流の最大値は小さくなり，周期は長くなる。
3 電流の最大値は大きくなり，周期は変わらない。
4 電流の最大値は大きくなり，周期は短くなる。
5 電流の最大値は小さくなり，周期は短くなる。

[題意] ファラデーの電磁誘導に関する知識を問う。ある回路に生じる誘導起電力の大きさは，その回路を貫く磁束の時間変化率に比例する。

[解説] コイルの中を貫通する磁束 Φ が $\Phi = \Phi_0 \sin \omega t$ のように正弦的に変化しているものとする。このとき，コイルの両端に生じる起電力 V は Φ の時間変化率に比例する。すなわち，$V \propto (d\Phi/dt) = \omega \Phi_0 \cos \omega t$。したがって，コイルに流れる電流 $I = V/R$ は ω に比例し，周期は $2\pi/\omega$ に等しい。（ただし，ここでは R は十分大きいと考え，コイル電流自体に起因する磁場の影響は無視した。補注参照。）棒磁石の回転速度を増加させると（$\omega \to$ 大），電流振幅，したがって電流の最大値は大きくなり，周期は短くなる。

〔補注〕 コイルには，自分自身の作り出す磁場の変化に自分自身が応答して逆起電力

を生じるという性質がある（自己誘導）。本問題に即していえば，上記の磁束 Φ には，棒磁石に起因する磁束のほかに，正しくはコイル電流による磁束も含めて考えなければならない。

このことを念頭において詳しく計算すると，R が大きくてコイル電流が無視しうるほど小さいときは，電流振幅は ω に比例して増加する（〔解説〕本文で述べたケースはこの場合に相当する）。抵抗器の抵抗値が小さいときは電流振幅は ω に比例はしないが，ω とともにゆっくりと単調に増加する。したがって，いずれにしても **4** が正解である。唯一の例外は，巻線 ＋ 抵抗器の抵抗値が完全にゼロに等しいときで，コイルに流れる電流の振幅は ω によらず一定になる。

もちろん，受験者には詳しい回路解析を行う時間的余裕はないから，抵抗器が接続されていればその抵抗値はゼロではないと考え，〔解説〕で述べたような考察に基づいて解答すればよいであろう。

〔正解〕 **4**

〔問〕**19**

鉛直上向きに毎秒10mの一定速度で上昇しているエレベータの中で，エレベータの床上1mの高さから金属の小球を静かに離して落下させた。小球が落下を始めてからエレベータの床に到達するまでの時間に最も近いものを，次の中から一つ選べ。ただし，重力加速度の大きさは $9.8\,\mathrm{m/s^2}$ とする。

1　0.10 s
2　0.35 s
3　0.45 s
4　0.55 s
5　1.0 s

〔題意〕 落体の問題。慣性系に関する基礎知識を問う。

〔解説〕 エレベータの中ではなく，地上で同じ実験をするものとする。小球が地上1mの高さから地面に落ちるまでにかかる時間を t とすると，初速度0の自然落下の式（s を落下距離とするとき，$s = (1/2)gt^2$）から $1 = (1/2) \cdot 9.8 \cdot t^2$ である。ゆえ

に，$t = 0.45$ s。

エレベータは「等速直線運動」をしているので，エレベータに固定された系は慣性系である。したがって，このエレベータの中での物理法則は，同じ慣性系である地上での物理法則とまったく区別が付かない（ガリレイの相対性原理）。したがって，一定速度で動いているエレベータの内部で実験しても，結果は地上と同じで，$t = 0.45$ s である。

[正解] 3

---- [問] 20 ----

質量 m のおもりを鉛直につるすと，自然長から l だけ伸びるばねがある。図のように，このばねの両端にそれぞれ質量 $\frac{m}{2}$ のおもりをつないで釣り合わせて安定させたとき，ばねの伸びはどうなるか。次の記述の中から，正しいものを一つ選べ。

ただし，ばねと糸の質量は無視でき，滑車と糸には摩擦が無く，重力加速度は一様で一定とする。

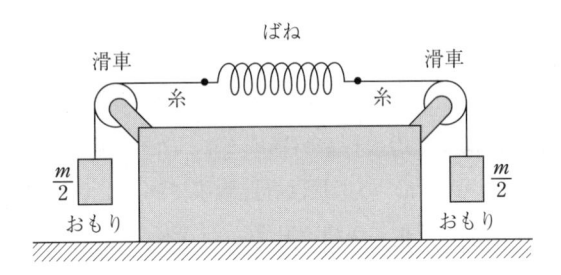

1 自然長のままである。
2 自然長から $\frac{l}{2}$ だけ伸びる。
3 自然長から l だけ伸びる。
4 自然長から $2l$ だけ伸びる。
5 自然長から l だけ縮む。

1. 計量に関する基礎知識

[題意] 力の釣り合いに関する基礎知識を問う。糸の張力に注目すれば正しく解答できる。

[解説] ばねに直接つながっているのは糸なので，糸の張力に着目する。糸の張力が倍になればばねの伸びも倍になるし，張力が半分になればばねの伸びも半分になる。

まず，左右にぶら下がっているおもりに働く力の釣り合いを考える。おもりには大きさ $1/2mg$ の重力が下向きに働いているから，糸から大きさ $1/2mg$ の力を上向きに受けていないと力が釣り合わずに動き出してしまう。ゆえに，釣り合っている状態では糸の張力は $1/2mg$ である。ここに g は重力加速度の大きさである。

このことから，質量 m の大きさのおもりを鉛直につるした場合（張力は mg）に比べて糸の張力は半分になっていることがわかる。したがって，伸びの大きさも半減し，$l/2$ となる。

この問題の実験装置では，ばねの（例えば）右側の糸がおもりではなく壁に固定されていても伸びの量は同じである。壁から $1/2mg$ の大きさの反作用（抗力）を受けるからである。このように設定し直してみると，ばねの伸びが半分になる理由がよく理解できるであろう。

[正解] 2

[問] 21

カルノーサイクルは4つの過程から構成され，$p-V$ 線図に表すと下の図のように表される。図中の (a) の過程は等温膨張である。(b) から (d) までの過程は何か，次の中から，正しい組合せを一つ選べ。

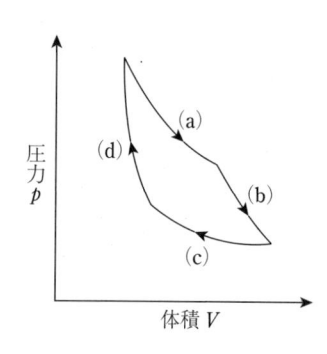

	(b)	(c)	(d)
1	断熱膨張	等温圧縮	断熱圧縮
2	等温圧縮	断熱膨張	断熱圧縮
3	断熱膨張	断熱圧縮	等温圧縮
4	等温圧縮	断熱圧縮	断熱膨張
5	断熱圧縮	等温圧縮	断熱膨張

【題 意】 カルノーサイクルに関する知識を問う。カルノーサイクルは熱力学温度を定義するときに用いられるので，計量関係者はなじみがあるはずである。

【解 説】 （当然のことであるが，）気体の体積が大きくなって圧力が小さくなる過程は「膨張過程」，体積が小さくなって圧力が大きくなる過程は「圧縮過程」である。したがって 1 と 3 以外は，単純に言葉の定義の上から間違っている。

ところで，3 では，(b) の「断熱」膨張のつぎに引き続いて (c) の「断熱」圧縮を行うことになっている。しかしそれでは，(c) の過程では (b) のときと同じ断熱線上をもとに引き返すことになる。実際には (c) の線は (b) の線とは異なるから，(c) は断熱過程であってはならない。このように，誤った選択肢を除外していくと結局 1 が正しい。

〔補注〕 カルノーサイクルは等温過程と断熱過程を交互に 4 回行ってもとに戻るサイクルである。このことをしっかり理解していれば，(a) の過程が等温膨張であることが（問題文から）わかっているのだから，そのほかの過程が何であるかは簡単にわかる。

【正 解】 1

----【問】22----

次の中から，断熱過程による現象として説明できないものを一つ選べ。

1 乾燥した圧縮空気が入ったボンベから空気を吹き出させていたら，ボンベが冷たくなった。

2 カセットコンロを使っていたら，燃料を供給していたガス缶が熱くなった。

22   1. 計量に関する基礎知識

3 地上で暖められた湿気を含んだ空気が上昇気流となって上空に行き，雲ができた。

4 ピストン式の空気入れで自転車のタイヤに空気を入れていたら，ピストンで空気を加圧する部分が熱くなった。

5 容器に小さくちぎったティッシュペーパーを入れ，容器内の空気を急激に圧縮したら，ティッシュペーパーが燃えた。

───────────────────────────────

【題意】断熱過程に関する知識を問う。

【解説】断熱過程とは，断熱性の境界で取り囲まれた系（断熱系）の中で起こる過程のことである。実際には完全な断熱物質は存在しないから，自然界に見られるのは近似的な断熱過程である。

1 気体の断熱膨張では，気体が外圧（この場合はボンベの外の大気圧）に抗して仕事をするから内部エネルギーが消費される。したがってボンベ内の乾燥空気の内部エネルギーは下がる。気体（理想気体に近い気体）の内部エネルギーと絶対温度は比例関係にあるから，ボンベ内の空気の温度も下がる。したがって，この選択肢に述べられている現象は断熱過程と考えてよい。正しい。

（注意）ボンベが冷たくなったということは，ボンベ壁を通過して熱が出入りしているのだから，これは厳密な断熱過程ではない。しかし，空気の吹き出し速度が十分大きく，ボンベ壁を通して熱が流入する速度が追い付かない場合は，近似的に断熱過程と見なすことができる。

2 カセットコンロは，カセット内部の液化ブタンや液化プロパンを蒸発させて燃料を供給するから，カセットの内部では液体の蒸発が起こっている。したがって，もしカセットの缶壁が断熱性であれば，蒸発熱のために内部の温度は下がっていくはずである。ガス缶が逆に熱くなったのは，伝導や放射など，コンロの燃焼熱の影響であって，断熱過程の結果であるとはいえない。誤り。

3 上空では気圧が低いから，地上の空気が上空に行くと膨張する。この膨張過程は断熱過程であると考えてよい。その理由は以下のとおり。

簡単な幾何学的理由により，物体の大きさが大きくなると，単位体積当りの表面積は小さくなる。巨大な空気塊では，その内部エネルギーは巨大な体積に比例して巨大な量になる。しかし，そのわりに表面積は小さいので，表面（周囲の空気との境界）

を通してやり取りされる熱量の割合は小さい。したがって，巨大空気塊の膨張は，近似的に断熱膨張過程と考えることができる。断熱膨張では内部エネルギーを失うから，空気は冷え，水蒸気が凝結して雲ができる。正しい。

4 気体の断熱圧縮では，気体が外力（空気入れを操作する人の力）によって仕事をされるから，空気の内部エネルギーが増大する。気体の内部エネルギーと絶対温度とは比例関係にあるから気体の温度は上昇する。正しい。

この場合も **1** と同様に，圧縮速度が熱伝導速度よりも圧倒的に大きいことから生じる近似的な断熱過程である。

5 原理的には **4** とまったく同じ理由で断熱過程と見なすことができる。ディーゼルエンジンの点火も原理的にこれと同じである。正しい。

〔正 解〕 **2**

〔問〕 **23**

（a）から（e）の単位の関係式の中で，誤った式はいくつあるか。選択肢の中から，記述の正しいものを一つ選べ。

(a) $1\,W = 1\,J/s$
(b) $1\,kWh = 3\,600\,J$
(c) $1\,hPa = 100\,N/m^2$
(d) $1\,N = 9.8\,kg \cdot m/s^2$
(e) $1\,C = 1\,A/s$

1 誤っている関係式は1つである。
2 誤っている関係式は2つである。
3 誤っている関係式は3つである。
4 誤っている関係式は4つである。
5 誤っている関係式は5つである。

〔題 意〕 単位の定義に関する知識を問う。

〔解 説〕 問題に挙げられている（a）から（e）までの単位を順に見ていくことにする。

(a) Wの定義から正しい。

(b) 1 kWh は $1\times1\,000\times1\times3\,600$ J $= 3\,600\,000$ J。誤り。

(c) 1 hPa は 1×100 N/m^2。正しい。

(d) 1 N は定義より 1 kg·m/s^2。誤り。

(e) 1 C は定義より 1 A·s。誤り。

したがって，誤りは (b), (d), (e) の三つである。

[正 解] 3

[問] 24

半導体に関する次の記述の中から，誤っているものを一つ選べ。

1 半導体とは，電気をよく通す導体とほとんど通さない絶縁体との中間の性質を持つ物質である。

2 n型半導体では，電荷の担い手となる多数キャリアは正孔である。

3 半導体は通常，温度が上がると電気抵抗が小さくなる。

4 代表的な半導体材料としては，Si，Ge，GaAs などがある。

5 p型半導体と n型半導体からなる pn 接合は，整流性を示す。

[題 意] 半導体に関する知識を問う。

[解 説] 各選択肢を順に見ていく。

1 半導体は，伝導体と絶縁体の中間の性質を持っている。ゲルマニウムやシリコンのような単体，酸化チタンのような金属酸化物や金属硫化物の一部がその例である。電気をどの程度通すかという電気伝導性を，周囲の電場や温度によって敏感に変化させることができるので，電子工学においてトランジスタやICのような半導体素子に用いられる。正しい。

2 n型半導体では，電荷の担い手は電子である。誤り。

3 金属では温度が上昇すると，格子振動のために電子が散乱されて抵抗が大きくなる。これとは逆に，半導体では温度が上がると，電荷の担い手である自由電子や正孔の数が増えて電気抵抗は小さくなる。正しい。

4 Si，Ge，GaAs はよく知られた半導体材料である。正しい。

5 p型半導体とn型半導体を接合したものはダイオードと呼ばれ，整流性があるのできわめて広く使用されている．正しい．

[正解] 2

問 25

レイノルズ数 Re は $Re = \dfrac{Lv\rho}{\mu}$ で定義される．ここで，L は流れの中にある物体の代表長さ (m)，v は流速 (m/s)，ρ は流体の密度 (kg/m^3)，μ は流体の粘性率 (Pa·s) である．圧縮性の影響が無視でき，粘性と運動量が支配的になる場においては，レイノルズ数が同じであれば，流れ場の流線や等圧面が相似となることが知られている．これにより，実物よりも小さなモデルを使った実験から実物の周りの流れ場を推定することができる．

空気中を飛行する物体の周りの流れ場を調べるために，実物の飛行状態に対して流速を3倍，圧力を2倍，温度を同じに保った空気の流れを用いて実験するとき，レイノルズ数を一致させるためのモデルの代表長さはいくらになるか．次の記述の中から，正しいものを一つ選べ．

ただし，空気は理想気体の状態方程式に従い，粘性率の圧力依存性は無視できるものとする．また，実験における流速は，音速に比べて十分に小さく保たれるものとする．

1 代表長さを実物の $\dfrac{3}{4}$ にする．

2 代表長さを実物の $\dfrac{2}{3}$ にする．

3 代表長さを実物の $\dfrac{1}{2}$ にする．

4 代表長さを実物の $\dfrac{1}{3}$ にする．

5 代表長さを実物の $\dfrac{1}{6}$ にする．

[題意] レイノルズ数に関する問題．レイノルズ数は，流体力学のなかでも面白いトピックなので，一度習った人は忘れないであろう．この問題では，受験者がレイ

ノルズ数について知らなくても解けるように，問題文の中に解説が含まれている。

[解説] 実物による実験パラメータには添字1を付け，模型実験のパラメータには添字2を付けることにする。実物実験のレイノルズ数 Re_1 は

$$Re_1 = \frac{L_1 v_1 \rho_1}{\mu_1} \qquad (*)$$

また模型実験のレイノルズ数 Re_2 は

$$Re_2 = \frac{L_2 v_2 \rho_2}{\mu_2}$$

である。

問題文より

$v_2 = 3v_1$

$\rho_2 = 2\rho_1$

$\mu_2 = \mu_1$

である。理想気体の式（$pV = nRT$）では，温度（T）が一定の場合，密度 $\left(\propto \dfrac{n}{V} \right)$ は圧力に比例するから，上記2番目の式が成り立つ。

以上を模型実験のレイノルズ数の式に代入すると

$$Re_2 = \frac{L_2 \cdot 3v_1 \cdot 2\rho_1}{\mu_1} = \frac{6L_2 v_1 \rho_1}{\mu_1}$$

問題文どおりの実験を行うには $Re_1 = Re_2$ でなければならないから，この式を最初の実物実験の式（*）と比較すると，$6L_2 = L_1$ である。すなわち，代表長さを実物の1/6にすればよい。

[正解] 5

1.2 第63回（平成25年3月実施）

------ 問 1 ------

複素数 z が複素平面上で原点を中心とする半径1の円周上を1周するときに，$\dfrac{1}{z^2}$ はそれに応じて複素平面上をどのように動くか。正しい記述を次の中から一つ選べ。

1 原点を中心とする半径 $\dfrac{1}{2}$ の円周上を z の回転の向きに2周する。

2 原点を中心とする半径 $\dfrac{1}{2}$ の円周上を z の回転と逆向きに1周する。

3 原点を中心とする半径1の円周上を z の回転と逆向きに2周する。

4 原点を中心とする半径1の円周上を z の回転と逆向きに1周する。

5 原点を中心とする半径2の円周上を z の回転と逆向きに $\dfrac{1}{2}$ 周する。

[題意] 複素数とオイラーの公式に関する基礎知識を問う。

[解説] オイラーの公式はつぎのように表される。
$$e^{i\theta} = \cos\theta + i\sin\theta$$
したがって，任意の複素数 $x+iy$ は $re^{i\theta}$ と表すことができる。r は複素平面上の半径であるので，本問の z はつぎのように表される。
$$z = 1 \cdot e^{i\theta}$$
問題文より，z は半径1の円周上を1周するが，これは r を1に保ったまま θ を $0 \to 2\pi$ と変化させることに相当する。ところで
$$\frac{1}{z^2} = 1 \cdot e^{-2i\theta}$$
であるから，θ が $0 \to 2\pi$ と変化するとき，-2θ は $0 \to -4\pi$ と変化する。すなわち，z が半径1の円周上を1周するとき，$1/z^2$ は半径1の円周上を z とは逆方向に2周する。

[正解] 3

------ 問 2 ------

三次元直交座標系において，点 $(3, y, z)$ が，点 $(1, 1, 1)$ と点 $(2, 3, 5)$ を通

る直線上にあるとき，y と z の値として正しいものを次の中から一つ選べ．

   1 $y=4,\ z=8$
   2 $y=5,\ z=9$
   3 $y=6,\ z=10$
   4 $y=9,\ z=12$
   5 $y=10,\ z=14$

[題意] ベクトルの性質に関する理解を問う．

[解説] 各点につぎのように名前をつける．

点 P $(3, y, z)$，点 A $(1, 1, 1)$，点 B $(2, 3, 5)$

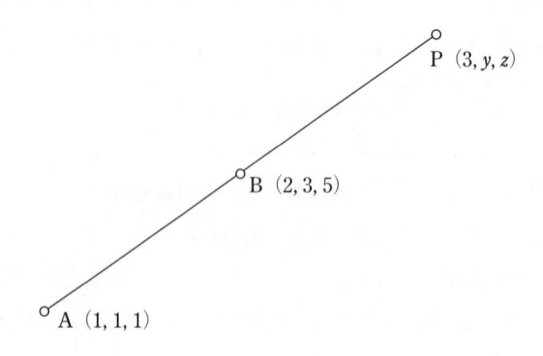

このとき，点 A から点 B，点 B から点 P へと向かう二つのベクトルの成分はつぎのように表される．

$$\text{ベクトル } \overrightarrow{AB} = (1,\ 2,\ 4)$$
$$\text{ベクトル } \overrightarrow{BP} = (1,\ y-3,\ z-5)$$

問題文により三つの点は同じ直線上に乗っているから，これら二つのベクトルは同じ方向を向いている．したがって，x 成分の比，y 成分の比，z 成分の比はみな等しい．

$$\frac{1}{1} = \frac{2}{y-3} = \frac{4}{z-5}$$

これから $y=5,\ z=9$ が得られる．

[正解] **2**

---- **問** 3 ----

無限級数 $\sum_{k=2}^{\infty} \dfrac{1}{k^2-1}$ の値として正しいものを次の中から一つ選べ。

1 $\dfrac{1}{2}$

2 $\dfrac{3}{4}$

3 $\dfrac{4}{5}$

4 1

5 $\dfrac{3}{2}$

[題 意] 無限級数の和を求める問題。

[解 説] $1/(k^2-1)$ は,つぎのように二つの項に分解することができる。

$$\dfrac{1}{k^2-1} = \dfrac{1}{(k-1)(k+1)} = \dfrac{1}{2}\left(\dfrac{1}{k-1} - \dfrac{1}{k+1}\right)$$

これを使って,無限級数の最初の数項を書き出すと

$$\sum_{k=2}^{\infty} \dfrac{1}{k^2-1} = \dfrac{1}{2}\left\{\left(\dfrac{1}{1} - \dfrac{1}{3}\right) + \left(\dfrac{1}{2} - \dfrac{1}{4}\right) \right.$$
$$\left. + \left(\dfrac{1}{3} - \dfrac{1}{5}\right) + \left(\dfrac{1}{4} - \dfrac{1}{6}\right) + \left(\dfrac{1}{5} - \dfrac{1}{7}\right) + \cdots\cdots\right\}$$

すると,最初の 2 項の $1/1$ と $1/2$ のみが残り,あとはプラスの項とマイナスの項が打ち消し合ってすべて消えてしまう。したがって

$$\sum_{k=2}^{\infty} \dfrac{1}{k^2-1} = \dfrac{1}{2}\left(\dfrac{1}{1} + \dfrac{1}{2}\right) = \dfrac{3}{4}$$

[正 解] 2

---- **問** 4 ----

次の等式の中から誤っているものを一つ選べ。ただし,A は実数で $0 < A < \dfrac{\pi}{2}$,n は整数である。

1 $\sin(n\pi - A) = (-1)^n \sin A$

30   1. 計量に関する基礎知識

2 $\tan(2n\pi + A) = \tan A$

3 $\cos(n\pi - A) = (-1)^n \cos A$

4 $\tan\left(\dfrac{\pi}{2} + A\right) = -\dfrac{1}{\tan A}$

5 $\sin\left(\dfrac{\pi}{4} + A\right) = \cos\left(\dfrac{\pi}{4} - A\right)$

[題意] 三角関数の補角,余角などに関する公式の知識を問う。

[解説] 五つの選択肢を順に検討する。

1 $n=0$ の場合を考えると,この式は $\sin(-A) = \sin A$ となり,誤った式になる。したがって,この肢が誤り。

念のために **2** 以下も検討する。

2 $\tan A$ は周期 2π の周期関数であるから, $\tan(2n\pi + A) = \tan A$。正しい。

3 $\cos$ は周期 2π の周期関数であるから,

(1) n が奇数のときは
  $\cos(n\pi - A) = \cos(\pi - A) = -\cos A$

(2) n が偶数のときは
  $\cos(n\pi - A) = \cos(-A) = \cos A$

これらをまとめると, $\cos(n\pi - A) = (-1)^n \cos A$。正しい。

4 余角公式 $\tan\left(\dfrac{\pi}{2} - A\right) = \dfrac{1}{\tan A}$ と反角公式 $\tan(-A) = \tan A$ を使うと,正しいことがわかる。

5 $\sin\left(\dfrac{\pi}{2} - x\right) = \cos x$ を使い, $x \to -A + \dfrac{\pi}{4}$ と置き換えると正しいことがわかる。

[正解] 1

[問] 5

$x = 1 + \sqrt{3}$ のとき, $x^3 - x^2 - 4x + 3$ の値として正しいものを次の中から一つ選べ。

1 1

2 2

3　3
4　4
5　5

【題意】 代数演算に関する基礎学力をみる。

【解説】 問題文のままに，正直に $x=1+\sqrt{3}$ を x^3-x^2-4x+3 に代入すると，計算が複雑になって時間がかかってしまう。そこで適当に式を変形して簡単化する。

まず，問題の条件式 $x=1-\sqrt{3}$ を変形した $\sqrt{3}=x-1$ の両辺を二乗して整理すると

$$x^2-2x-2=0$$

となる。つぎに，値を求めたい x^3-x^2-4x+3 を変形すると

$$x^3-x^2-4x+3=x(x^2-2x-2)+(x^2-2x-2)+5$$

となる。上の式の括弧の中は 0 だから，結局，$x^3-x^2-4x+3=5$ である。

【正解】 5

【問】 6

xy 直交座標系において，$y(y-2)-2=-\dfrac{1}{4}x(x+4)$ で表される曲線で囲まれる図形の重心の座標として正しいものを次の中から一つ選べ。

1　$(-2, 1)$
2　$(2, -1)$
3　$(2, 1)$
4　$(-4, 2)$
5　$(4, -2)$

【題意】 解析幾何学の基礎知識を問う。

【解説】 $y(y-2)-2=-\dfrac{1}{4}x(x+4)$ を変形すると

$$\frac{1}{16}(x+2)^2+\frac{1}{4}(y-1)^2=1$$

となる。これは、点 $(-2, 1)$ を中心とする楕円（長径8，短径4）を表す式である。楕円の重心は中心にあるから、この図形の重心の座標は $(-2, 1)$ である。

[正解] 1

[問] 7

図のように xy 直交座標系において曲線 $y = x^2$ 上の点 A (t, t^2) を考える。この曲線と x 軸，および直線 $x = t$ で囲まれる部分の面積を S_1 とし，曲線と点Aにおけるこの曲線の法線，および y 軸で囲まれる部分の面積を S_2 とする。$5S_1 = S_2$ を満たす t の値として，正しいものを次の中から一つ選べ。

1. $\dfrac{1}{5}$
2. $\dfrac{1}{4}$
3. $\dfrac{1}{3}$
4. $\dfrac{1}{2}$
5. 1

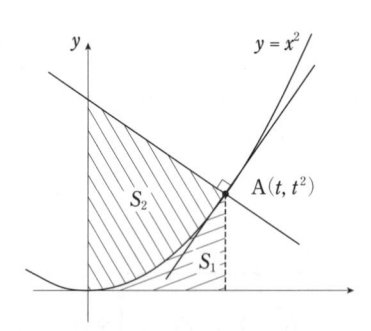

（図はイメージであり，正確な値を用いて描いたものではない。）

[題意] 積分に関する知識を問う。

[解説] 図のように，点 B, C, D, O を定義する。O は原点である。すると

$$S_1 = \int_0^t x^2 \, dt = \frac{1}{3} t^3$$

また S_2 のうち，線AB よりも下の部分の面積は

$$S_{2, lower} = t^2 \times t - S_1 = \frac{2}{3} t^3$$

点Aにおける接線の傾きは $\left. \dfrac{d(x^2)}{dx} \right|_{x=t} = 2t$ である。したがっ

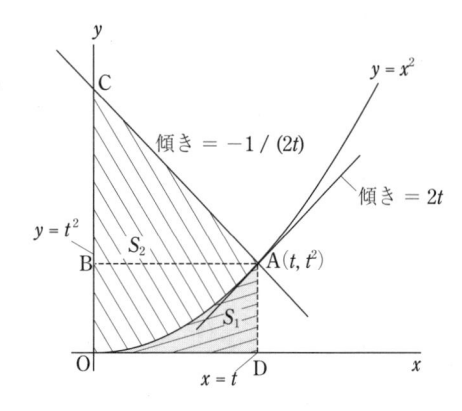

て，法線の傾きは $-\dfrac{1}{2t}$ となる。これから線分 BC の長さは $\dfrac{1}{2t} \times t = \dfrac{1}{2}$ である。したがって，三角形 ABC の面積は，$\dfrac{1}{2} \times \dfrac{1}{2} \times t = \dfrac{t}{4}$ となる。

ゆえに，S_2 は
$$S_2 = S_{2,lower} + \dfrac{t}{4} = \dfrac{2}{3}t^3 + \dfrac{t}{4}$$

問題文より，$5S_1 = S_2$ とすると
$$5 \times \dfrac{1}{3}t^3 = \dfrac{2}{3}t^3 + \dfrac{t}{4}$$

となる。これを満たすのは $t = \pm 1/2$ のときである。
($t = -1/2$ は，放物線が y 軸に関して対称であるために生じたものである。)

[正 解] 4

[問] 8

実数を要素とする行列 $\mathbf{M} = \begin{pmatrix} a & -b \\ b & a \end{pmatrix}$ について恒等式 $\mathbf{MN} = \mathbf{NM}$ を満たす行列 $\mathbf{N}$ はどれか。正しいものを次の中から一つ選べ。

1　$\begin{pmatrix} a & b \\ b & a \end{pmatrix}$

2　$\begin{pmatrix} a & b \\ b & -a \end{pmatrix}$

3　$\begin{pmatrix} a & b \\ -b & a \end{pmatrix}$

4　$\begin{pmatrix} a & b \\ -b & -a \end{pmatrix}$

5　$\begin{pmatrix} a & -b \\ -b & -a \end{pmatrix}$

[題 意] 行列演算の基礎に関する知識を問う。

〔解説〕 行列の乗算は一般には可換ではなく，掛け合わせる順序によって結果が異なる．

選択肢の候補を見ると，行列 **N** の五つの候補の第 1 行第 1 列はすべて a である．そこで，計算を少しでも簡略にするため

$$\mathbf{N} = \begin{pmatrix} a & x \\ y & z \end{pmatrix}$$

とおいて，**M** と **N** が可換になるように x, y, z を求めれば，選択肢の中から正解を特定するには十分である．実際に積を計算すると

$$\mathbf{MN} = \begin{pmatrix} a^2 - by & ax - bz \\ ab + ay & bx + az \end{pmatrix}$$

また

$$\mathbf{NM} = \begin{pmatrix} a^2 + xb & -ab + ax \\ ay + bz & -by + az \end{pmatrix}$$

可換であるためには，**MN** と **NM** のすべての対応成分がたがいに等しくなければならない．**MN** と **NM** の第 1 行第 2 列の成分が等しいという条件から $ax - bz = -ab + ax$ であり，これから $z = a$ が得られる．**MN** と **NM** の第 2 行第 1 列の成分の相同性からも $z = a$ が得られる．そのほかの成分の相同性から $x = -y$ が得られる．すなわち **N** として，「第 2 行 2 列成分 (z) が a に等しく，かつ第 1 行 2 列成分 (x) と第 2 行第 1 列成分 (y) の絶対値が等しくて符号が反対であるような行列

$$\begin{pmatrix} a & x \\ -x & a \end{pmatrix}$$

を選ぶと，**M** と **N** の乗算は可換となることがわかる（x は任意の数）．選択肢の中でこの条件を満たすのは **3** の

$$\begin{pmatrix} a & b \\ -b & a \end{pmatrix}$$

のみである．

〔正解〕 3

問 9

極限 $\lim_{x \to \infty}\left(1+\dfrac{2}{x}\right)^x$ の値として正しいものを次の中から一つ選べ。ただし，e は自然対数の底で，$e=\lim_{x \to \infty}\left(1+\dfrac{1}{x}\right)^x$ である。

1 　$\dfrac{e}{2}$
2 　$e^{\frac{1}{2}}$
3 　e
4 　$2e$
5 　e^2

【題意】 極限値の計算に関する知識を問う。

【解説】 単に式を変形すれば正解が得られる。いま，$y=x/2$ とおくと

$$\lim_{x \to \infty}\left(1+\dfrac{2}{x}\right)^x = \lim_{y \to \infty}\left(1+\dfrac{1}{y}\right)^{2y} = \lim_{y \to \infty}\left[\left(1+\dfrac{1}{y}\right)^y\right]^2 = \left[\lim_{y \to \infty}\left(1+\dfrac{1}{y}\right)^y\right]^2 = e^2$$

【正解】 5

問 10

確率・統計に関する次の記述の中から，誤っているものを一つ選べ。

1 　標準偏差の 2 乗は分散である。
2 　正規分布は，その平均値と分散のみで形が決まる。
3 　正規分布の確率密度関数を表す式において，確率密度の値は，その確率変数が平均値のとき，最大となる。
4 　平均偏差と標準偏差は，定義が異なる。
5 　x を確率変数とする分布関数 $F(x)$ では，$\lim_{x \to \infty} F(x) = 0$ となる。

【題意】 統計分布関数に関する基礎知識を問う。

【解説】 選択肢を順に検討すると，

1 　定義により正しい。
2 　平均値 a，分散 b^2 が与えられれば，正規分布の確率密度関数の形は

$$f(x) = \frac{1}{\sqrt{2\pi}b} \exp\left(\frac{(x-a)^2}{2b^2}\right)$$

となって完全に決まる．正しい．

3 正規分布のガウス型の曲線を思い起こせば正しいことがわかる．

4 平均偏差は，算術平均値との差の絶対値の平均値．標準偏差は，算術平均値との差の2乗の平均値の平方根．したがって定義が異なる．正しい．

5 分布関数 $F(x)$ は，確率密度関数 $f(t)$ を変数 t について $-\infty$ から x まで積分したものである．したがって，$\lim_{x \to \infty} F(x)$ は，確率密度関数を $-\infty$ から $+\infty$ まで積分したものである．確率密度関数は正規化されているからこの積分値は1に等しい．誤り．

[正解] 5

[問] **11**

ある競技会への出場チームを作るため，Aさんを含む6名の参加希望者の中から無作為に選び，3名で構成されるチームを作った．このとき，Aさんがチームに入る確率として正しいものを次の中から一つ選べ．

1　$\dfrac{1}{5}$

2　$\dfrac{1}{4}$

3　$\dfrac{1}{3}$

4　$\dfrac{1}{2}$

5　1

[題意] 組合せ数や確率に関する基礎知識を問う．

[解説] 6名の希望者の中から，3名からなるチームを選び出す仕方の数は，つぎの組合せで表される．

$$\binom{6}{3} = \frac{6!}{3!\,3!} = 20$$

このうち，Aさんを含むチームの数はつぎのように計算される．

Aさんはすでに選ばれているものとする．そのとき，5名の希望者（6名からAさんを除いた残りの人々）の中から，二つの空席に座る2名を選び出す仕方の数を計算すればよい．

$$\binom{5}{2} = \frac{5!}{3!\,2!} = 10$$

これらの数の比，$10/20 = 1/2$ が，無作為の選出によってAさんがチームに入る確率である．

[正解] 4

[問] 12

ある事象の試行ごとの発生確率を P とすると，5回の試行で4回以上続けてこの事象が発生する確率を表す式として，正しいものを次の中から一つ選べ．

1 $P^4 + P^5$
2 $P^4 - P^5$
3 $2P^4 + P^5$
4 $2P^4 - P^5$
5 $P^4 + 2P^5$

[題意] 確率計算のための基礎知識を問う．

[解説] 5回の試行によって4回以上続けてある事象が発生するのには，つぎの三つのパターンがある（事象の発生を白丸，その事象以外の事象が発生した場合を黒丸で表示した）．

1 最初から続けて5回その事象が発生する
   （○○○○○）
2 最初から4回続けてその事象が発生し，5回目はその事象が発生しない
   （○○○○●）
3 最初の1回はその事象が発生せず，それ以降の4回はその事象が続けて発生する．
   （●○○○○）

これらのパターンのどれか一つが発生する確率が求める確率である．それは，つぎ

の三つの確率の和である。

1 が起こる確率：P^5
2 が起こる確率：$P^4(1-P)$
3 が起こる確率：$(1-P)P^4$

したがって，$P^5 + P^4(1-P) + (1-P)P^4 = 2P^4 - P^5$ となる。

[正解] 4

(注意) この問題では，事象が「続けて」4回起こるという点が重要である。この点をうっかり見逃すと，正解が選択肢の中に見つからなくなってしまう。

---- **[問] 13** ----

長さ5mの弦をぴんと張り，両端を固定した。弦をはじいて振動数20 Hzで振動させたところ，腹の数が5つの定常波（定在波）ができた。この弦を伝わる波の速さはいくらか。最も近いものを次の中から一つ選べ。

1 20 m/s
2 40 m/s
3 50 m/s
4 80 m/s
5 100 m/s

[題意] 振動の問題。弦の定在波に関する基礎知識を問う。

[解説]

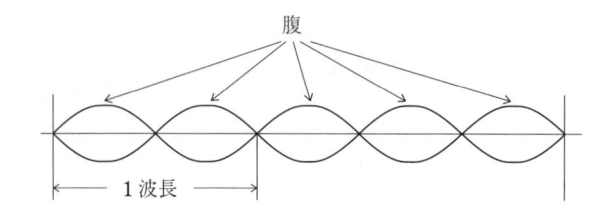

弦の定在波は半波長ごとに1個の腹を生じる。5個の腹が生じたということは，弦の端から端までの長さが2.5波長に相当することを意味している。問題文より，弦の長さは5mであるから，1波長 λ は 2 m である。

問題文より，この振動の振動数 f は 20 Hz であるから，波の伝播速度の大きさ V は，

$$V = f\lambda = 40 \text{ (m/s)}$$

である。

[正解] 2

問 14

図のように，2 枚の平行平面ガラス板の一辺 A を接触させ，下のガラス板を床に置き，上のガラス板を下のガラス板に対して角度 θ rad 傾けた。2 枚のガラス板が挟む空間に屈折率 n（$1.0 < n < 1.5$）の透明な液体を満たし，ガラスの上方から鉛直方向に波長 λ の光を当てて上から見たところ，ガラス板と液体の境界面で光が反射して干渉し，辺 A に平行な明暗の縞（干渉縞）が見えた。辺 A の位置を原点とし，辺 A に垂直で床に平行に x 軸を取るとき，辺 A から数えて m 番目にある明るい縞の中央の位置 X を与える式はどうなるか。正しいものを次の中から一つ選べ。ただし，θ は 1 より十分に小さく $\tan\theta \approx \theta$ で近似でき，空気の屈折率は 1.0，ガラスの屈折率は 1.5 とする。

⬇ 光（波長 λ）

空気（屈折率 1.0）　平行平面ガラス板（屈折率 1.5）

屈折率 n の液体（$1.0 < n < 1.5$）

辺 A

床

x

0

側面から見た図

0　　X　　x

辺 A

辺 A から数えて m 番目の明るい干渉縞

平行平面ガラス板

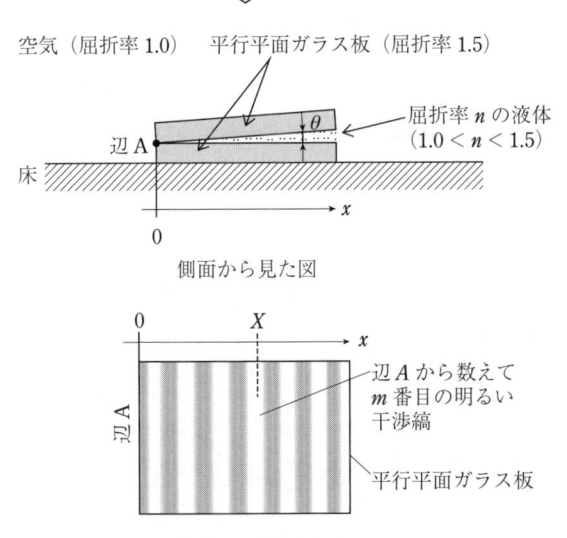

上方から見た図

1 $X = \dfrac{m}{2n\theta}\lambda$

2 $X = \dfrac{m}{n\theta}\lambda$

3 $X = \dfrac{m - \dfrac{1}{2}}{2n\theta}\lambda$

4 $X = \dfrac{m - \dfrac{1}{2}}{n\theta}\lambda$

5 $X = \dfrac{m + \dfrac{1}{2}}{2n\theta}\lambda$

[題意] 光の干渉に関する基礎知識を問う。

[解説] 2枚のガラス板の間には楔形(くさび)の液体層がある。辺AからX離れた位置では，液層の厚さは$X\tan\theta \cong X\theta$である。

下の図において，P点に入射して液体中へ透過し，Q点で上へ反射される光（光1）と同じ点Pへ入射してP点から上へ反射される光（光2）との間の干渉を考える。光1と光2は同じ線上にあるが，それではわかりにくいので，図では少しずらして描かれている。P点→Q点→P点の往復の光路長は$2nX\theta$である。光1がQ点で反射されるときは，光は屈折率の低い物質（液）から屈折率の高い物質へと入射するので，位相はπだけ変化する。しかし，光2がP点で反射されるときには，光は屈折率の高い物質から低い物質へと入射するので，位相は変化しない。したがって，例えば点Rで観測すると，光1と光2の位相差は

$$2\pi\left(\dfrac{2nX\theta}{\lambda} - \dfrac{1}{2}\right)$$

である。ここで，λは（真空中における）光の波長である。

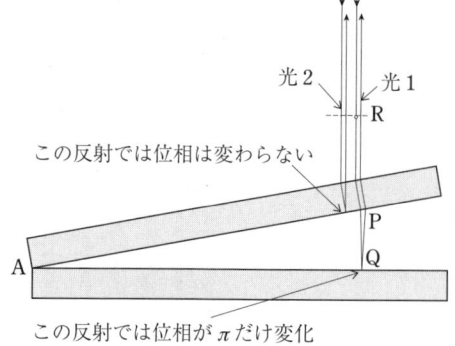

問題文によれば，Xの位置に明るい縞が見えたのであるから，光1と光2のここでの位相差は2πの整数倍である。ゆえに

$$2\pi\left(\frac{2nX\theta}{\lambda} - \frac{1}{2}\right) = 2m\pi$$

ここで m は整数である。これから，X は

$$X = \frac{m + \frac{1}{2}}{2n\theta}\lambda$$

ここで，干渉次数 m は原理的には任意の整数であればよい。

ところが本問の場合には，m は辺 A から右向きに数えて何番目の明縞かを示す指標としても使われている。一番左の端には暗縞が来て，そのすぐ右隣が $m=1$ の明縞になっている必要がある。問題文によれば，一番右の明縞の番号が 1 であるから，辺 A 上の暗縞の次数は $m=1/2$ でなければならない。上の式で $m=1/2$ とおくと $X \neq 0$ であるから，上の式では $m=1/2$ の暗縞は辺 A 上の暗縞を指していない。m が半整数 $m=-1/2$ のときに $X=0$ となって辺 A 上の暗縞を指す。したがって，$m \to m-1$ に置き換えれば，$m=1/2$ が辺 A の上の暗縞を指すようになり，m は干渉縞の（右端から数えた）番号に一致するようになる。この変換を上の式に施せば

$$X = \frac{m - \frac{1}{2}}{2n\theta}\lambda$$

となる。いうまでもないが，m が原理的に「任意の」整数であるから，このような調節が許されるのである。

〔正解〕 3

問 15

次の文章は，現代物理学で重要な発見につながった実験と，それにより明らかになったことを記述したものである。誤っているものを一つ選べ。

1　光電効果の実験により，光子の存在が明らかになり，光子のエネルギーが測定できた。

2　ミリカンの油滴実験により，電荷に最小単位があることが明らかになり，電子の電荷である電気素量が測定できた。

3　金箔による α 粒子のラザフォード散乱の実験により，原子核の存在が明らかになり，原子核の大きさが推定できた。

4 菊池正士などが行った電子線回折実験は，電子が波動性を持つことの明確な証拠の一つとなった。

5 物質中の電子によるX線のコンプトン散乱は，X線が波動性を持つことの証拠となった。

〔題 意〕 近代物理学の発展のもととなった典型的な実験の意味を問う。

〔解 説〕 以下の通り，**5**が誤りである。

5 コンプトン効果は，物質によって散乱されたX線の中に，その波長が入射X線よりも長い方向にずれたものが含まれている現象としてコンプトンが発見した（1923年）。これはX線（振動数ν）が物質中の電子によって弾性散乱を受けるため，波長変化は光子（エネルギー$h\nu$，運動量$h\nu/c$）と電子との衝突において，エネルギー保存則と運動量保存則が成立することから導かれる。このことから，コンプトン散乱はX線の粒子性の証拠と見なされてきた。

念のため，1～4について順次検討すると

1 金属面からの光電子放出は，ドイツの物理学者ハルヴァックスにより1888年に発見された。アインシュタインは，振動数νの光はエネルギー$h\nu$の粒子，すなわち光子（光量子）として物質に吸収されたり放出されたりするとしてこの効果を説明した（hはプランク定数）。アインシュタインのこの光量子説は量子論の礎石の一つとなった。正しい。

2 ミリカンは，空気中に浮遊する帯電した油滴に電場を印加し，重力と電気力とを釣り合わせることによって帯電粒子の電荷を測定した。これにより，油滴の電荷がいつも1.602×10^{-19}の整数倍であることがわかった。このことから電気素量の大きさが知られるようになった。正しい。

3 ラザフォードは，金の薄膜にα線を照射し，その大部分は金箔を透過するが，ごく一部が大きい角度で散乱されることを見出した。彼はこの結果から，原子の質量が小さな原子核に集中している惑星モデルと呼ばれる原子モデルを提唱した。正しい。

4 菊池正士は，1928年，雲母薄膜によって電子線が回折されることを発見した。その前年にはデヴィソンとジャーマーによりニッケル単結晶による電子線回折が観察されており，またG. P. トムソンによってセルロイド，金，アルミニウムによる陰極線回折が見出されていた。これらの実験から電子が波動性を持つことが実証され，ド・

ブロイの物質波の仮説が裏付けられた。正しい。

【正解】 5

【問】 16

質量数 220, 電子番号 86 のラドン Rn が, α 崩壊と β 崩壊により, 質量数 208, 電子番号 82 の安定な鉛 Pb に変わった。この過程で放出された電子の個数はいくつか。正しいものを次の中から一つ選べ。

1 1個
2 2個
3 3個
4 4個
5 5個

【題意】 核反応の基礎知識を問う。

【解説】 α 線が質量数 4, 原子番号 2 のヘリウム原子核であることに留意し, つぎの核反応を考える。ただし $_{-1}^{0}\text{e}$ は電子である。

$$_{86}^{220}\text{Rn} \rightarrow {}_{82}^{208}\text{Pb} + x \cdot {}_{2}^{4}\text{He} + y \cdot {}_{-1}^{0}\text{e}$$

質量数と原子番号の保存則(それぞれ質量と電荷の保存則)は

$220 = 208 + 4x + 0y$

$86 = 82 + 2x + (-1)y$

第 1 式から $x = 3$, 第 2 式から $y = 2$ である。したがって 2 個の電子が β 線として飛び出す。

【正解】 2

【問】 17

ある均質な物質の単位体積当たりの放射能の強さが 10^4 Bq であった。その発生源となる放射性核種が半減期 8 日の ^{131}I であったとき, この物質の単位体積当たりに含まれる ^{131}I 原子の個数はいくらか。もっとも近い数値を次の中から一つ選べ。ただし, 2 の自然対数は $\log 2 = 0.69$ としてよい。

44   1. 計量に関する基礎知識

1   10^4
2   10^6
3   10^8
4   10^{10}
5   10^{12}

[題意] 放射性核種の崩壊に関する基礎知識を問う。

[解説] 最初 N_0 個の放射性核種があったとすると，核種の数 N は時間 t とともに

$$N = N_0 \cdot 2^{-\frac{t}{T}}$$

のように減少していく。ここで，T は半減期である。

問題文より，$\ln 2 = 0.69$ であるから，$2 = e^{9.69}$。ゆえに

$$N = N_0 \cdot (e^{0.69})^{-\frac{t}{T}} = N_0 \cdot e^{-\frac{0.69t}{T}}$$

放射能の強さは，放射性核種の個数が減少する速さに等しいから，現時点での放射能の強さは

$$-\frac{dN}{dt}\bigg|_{t=0} = \frac{0.69 \cdot N_0}{T} e^{-\frac{0.60t}{T}}\bigg|_{t=0} = \frac{0.69 \cdot N_0}{T}$$

である。問題文より，これが 10^4 Bq であるので

$$\frac{0.69 \cdot N_0}{T} = 10^4 = 10\,000$$

したがって

$$N_0 = \frac{10\,000\,T}{0.69} = 1.002 \times 10^{10}$$

である。ここで，$T = 8$ 日 $= 691\,200$ 秒を用いた。

[正解] 4

[問] 18

図のように，十分に長い直線状の導線 A と導線 B を平行に並べ，導線 A には上向きの電流を，導線 B には下向きの電流を流した。導線 A の作る磁場により導線 B は，どの方向に力を受けるか。正しい記述を次の中から一つ選べ。

導線A　導線B
↑電流　↓電流

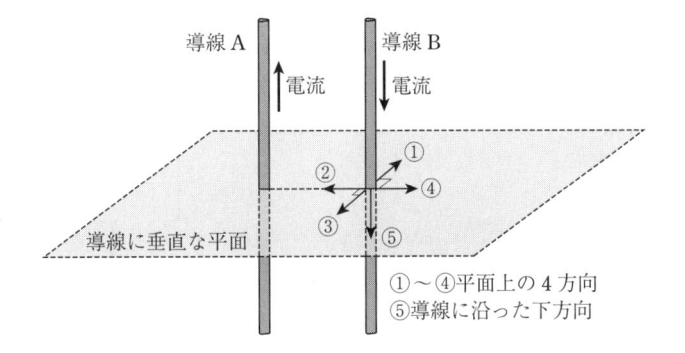

①〜④平面上の 4 方向
⑤導線に沿った下方向

1　図の①の方向に力を受ける。
2　図の②の方向に力を受ける。
3　図の③の方向に力を受ける。
4　図の④の方向に力を受ける。
5　図の⑤の方向に力を受ける。

【題意】電流間に働く力。電磁気学の基礎知識を問う。

【解説】平行に流れる 2 本の電流の間には，(1) 電流の向きが同じ場合は斥力，(2) 電流の向きがたがいに逆の場合は引力が働く（これは，電荷間に働く力が，同符号の電荷間には斥力，異符号の電荷間には引力が働くクーロンの法則とはあべこべである）。したがって④の方向に力が働く。

上の知識を忘れていた場合にはつぎのように考える。アンペールの右ねじの法則から，導線 A の周囲には導線 A を取り巻く円形の磁場が生じ，その導線 B 位置での方向は①の向きである。この磁場と，導線 B に流れる電流の間にローレンツ力が働き，その方向は④の向きである。

【正解】4

【問】19

抵抗値がそれぞれ 1Ω，2Ω，3Ω，4Ω の 4 つの抵抗器がある。図のように，これらのうちの三つを並列に接続し，残りの一つをそれに直列につなぐとき，

1. 計量に関する基礎知識

合成抵抗値として作ることのできない値を，次の中から一つ選べ。ただし，結線に用いる導線の抵抗は無視できるものとする。

1　$\dfrac{12}{25}$ Ω

2　$\dfrac{25}{13}$ Ω

3　$\dfrac{50}{19}$ Ω

4　$\dfrac{25}{7}$ Ω

5　$\dfrac{50}{11}$ Ω

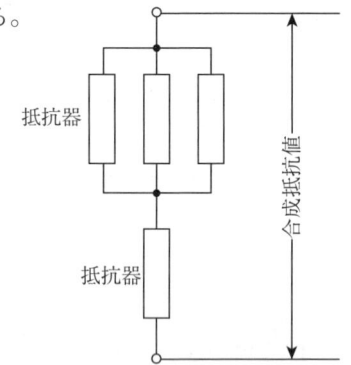

[題意] 電気回路の基礎知識を問う。

[解説] 4個の抵抗器のうち，最小の抵抗値は1Ωである。これに<u>直列</u>にいかなる抵抗器を接続しても，合計の抵抗値が1Ωを下回ることはない。選択肢に挙げられた抵抗値のうち1Ωより小さい値は1の12/25Ωのみである。この抵抗値は絶対に実現不可能である。

(別解) 上の簡単な方法が思いつかなかった場合は個々の場合について計算してみてもよい。大した計算量ではない。

1Ω抵抗が直列接続される場合：

$$R = 1 + \dfrac{1}{\dfrac{1}{2}+\dfrac{1}{3}+\dfrac{1}{4}} = \dfrac{25}{13}$$

2Ω抵抗が直列接続される場合：

$$R = 2 + \dfrac{1}{\dfrac{1}{1}+\dfrac{1}{3}+\dfrac{1}{4}} = \dfrac{50}{19}$$

3Ω抵抗が直列接続される場合：

$$R = 3 + \dfrac{1}{\dfrac{1}{1}+\dfrac{1}{2}+\dfrac{1}{4}} = \dfrac{25}{7}$$

4Ω抵抗が直列接続される場合：

$$R = 4 + \cfrac{1}{\cfrac{1}{1} + \cfrac{1}{2} + \cfrac{1}{3}} = \cfrac{50}{11}$$

したがって，選択肢の中で **1** の $12/25\,\Omega$ という抵抗だけは作ることができない．

[正解] 1

[問] 20

等速度 V（$V>0$）で直線的に移動する物体A，および，等加速度 a（$a>0$）で同じ方向に移動する物体Bがある．時刻 $t=0$ において，物体AとBが同じ位置にあり，物体Bの速度が 0 であったとき，その後に物体BがAに追いつく時刻 t_1 はどのように表されるか．t_1 を正しく表す式を次の中から一つ選べ．

1 $\quad t_1 = \dfrac{V}{2a}$

2 $\quad t_1 = \dfrac{V}{\sqrt{2}\,a}$

3 $\quad t_1 = \dfrac{V}{a}$

4 $\quad t_1 = \dfrac{\sqrt{2}\,V}{2a}$

5 $\quad t_1 = \dfrac{2V}{a}$

[題意] 物体の運動に関する基礎知識を問う．

[解説] 時刻を t，物体の位置を x とすると，物体Aの運動は

$$x = Vt$$

物体Bの運動は

$$x = \frac{1}{2}at^2$$

と表される．追い付く時刻 t_1 は，$(1/2)\cdot at_1^2 = Vt_1$ から求めることができ，$t_1 = 2V/a$ である．

[正解] 5

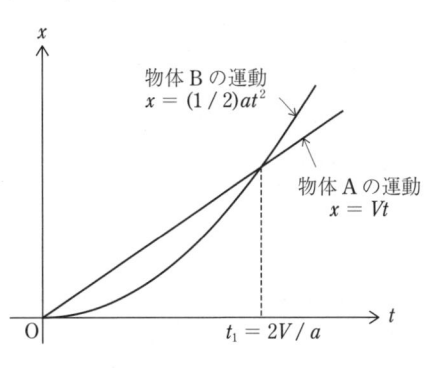

48　1. 計量に関する基礎知識

------- 問 21 -------

水が 100 m の落差を落ち，水の失った位置エネルギーの全てが水の加熱に消費されたとすると，水の温度は何℃上昇するか。最も近いものを次の中から一つ選べ。ただし，重力加速度は $9.8\,\mathrm{m/s^2}$，水の比熱は $4.2\,\mathrm{J/(g\cdot K)}$ とする。

1　0.23 ℃
2　0.43 ℃
3　0.98 ℃
4　2.3 ℃
5　4.3 ℃

[題意]　熱の仕事当量に関する知識を問う。

[解説]　1 kg の水について考えることにする。$h=100\,\mathrm{m}$ の高さにある $m=1\,\mathrm{kg}$ の水の位置エネルギーは，$mgh=1\times9.8\times100=980\,\mathrm{J}$ である。これを 1 kg の水の熱容量 $4\,200\,\mathrm{J/(kg\cdot K)}$ で割ると，0.23 K である。

[正解]　1

------- 問 22 -------

水の沸点が 100 ℃である環境下で，100 ℃の水 400 g を 1 000 W のヒータで加熱すると，全ての水が蒸発するまでに要する時間はいくらか。最も近いものを次の中から一つ選べ。ただし，水の蒸発熱は $2\,300\,\mathrm{J/g}$ とし，ヒータで消費される電力は全て水の加熱に使われるとする。

1　5 min
2　10 min
3　15 min
4　20 min
5　25 min

[題意]　熱学の基礎知識を問う。

[解 説] 400 g の水の蒸発熱は，$400 \times 2300 = 920\,000$ J である。1 000 W のヒータは 1 秒間に 1 000 J の熱を発生するから，必要な時間は 920 秒である。これは 15.3 分に相当するから，一番近い選択肢は **3** である。

[正 解] 3

[問] 23

固有の名称と記号を持つ SI 単位は，他の SI 単位を用いて表すことができる。他の SI 単位を用いた表し方が誤っているものを次の中から一つ選べ。

	名称	記号	他の SI 単位による表し方
1	線量当量	シーベルト	Sv	J/kg
2	力	ニュートン	N	m kg s^{-2}
3	電気抵抗	オーム	Ω	V/A
4	周波数	ヘルツ	Hz	s
5	圧力	パスカル	Pa	N/m^2

[題 意] 基礎的な量の次元と単位に関する知識を問う。

[解 説] 1，2，3，5 は正しい。4 の周波数は，
　　周波数＝振動回数÷時間
であるから，s^{-1} である。**4** は誤り。

2，3，5 は自明である。1 のシーベルトは以下のとおりである。

1：Sv（シーベルト）は，生体の被曝による生物学的影響の大きさの単位である。1 kg の物質に 1 J のエネルギーが吸収されるときの吸収線量は 1 J/kg だが，J/kg に対し特に単位 Gy（グレイ）が与えられる。生体（人体）が受けた放射線の影響は，受けた放射線の種類と対象組織によって異なるため，吸収線量値（グレイ）に，放射線の種類ないし対象組織ごとに定められた修正係数を乗じて線量当量（シーベルト）を算出する。修正係数は無次元なので，Sv と Gy は同じ次元，J/kg を持つ。正しい。

[正 解] 4

問 24

電磁波ではないものを次の中から一つ選べ。

1 電波
2 赤外線
3 β 線
4 γ 線
5 X 線

[題意] 電磁気学の基礎知識を問う。

[解説] 電波，赤外線，γ 線，X 線はすべて電磁波である。電磁波は，その周波数により呼称が異なるが，境界周波数は厳格には定められていない。3 の β 線は電子の流れであるから電磁波ではない。

念のため，3 以外の選択肢を順次検討する。

1 電波は無線通信に用いられる電磁波であるとする考え方もあるが，日本の電波法では，3 THz（3×10^{12} Hz）以下の周波数の電磁波と定められている。波長では 0.1 mm 以上の電磁波に相当する。

2 赤外線は可視光の赤色光よりも波長が長く，ミリ波長の電波よりも波長の短い電磁波全般を指し，波長ではおよそ 0.7 μm から 1 mm の範囲に分布する。

4 γ 線は放射線の一種で，波長がほぼ 1 pm よりも短い電磁波である。

5 X 線は波長がほぼ 1 pm から 10 nm の間の電磁波である。

なお，赤外線と X 線の間には目で見える可視光（波長 400 〜 700 nm）と，それより波長の短い紫外線（波長 10 〜 400 nm）がある。

[正解] 3

問 25

容積が十分に大きい密閉された容器 A および容器 B があり，図のように，細い水平直管によって容器 A の下部で両方がつながれている。それぞれの容器内には水が一部入っており，その他の部分は空気で満たされている。容器 A 内の水面は，水平直管の中心軸から測って H の高さにあり，容器 B 内の水面は水平

直管の流出口より十分に低いとする。容器A内の水が容器B内に流れ込んでいるとき，水平直管の流出口における水の流速Vを，水を非圧縮性非粘性としてベルヌーイの式から求めるとどうなるか。正しいものを次の中から一つ選べ。ただし，水の密度はρ，容器Aおよび容器B内の圧力はそれぞれP_0およびP_1，容器Bに流入する水量は十分に小さく，水深変化の速さは無視でき，容器内圧力は一定と見なすことができるとする。また，重力加速度の大きさはgで表すものとする。

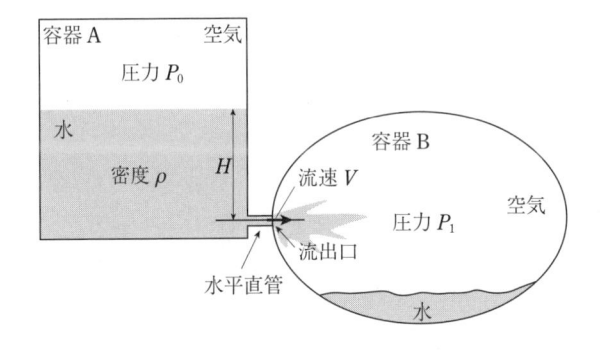

1　$V \sqrt{2\left(gH + \dfrac{P_0 - P_1}{\rho}\right)}$

2　$V \sqrt{2gH + \dfrac{P_0 - P_1}{\rho}}$

3　$V \sqrt{gH + 2\dfrac{P_0 - P_1}{\rho}}$

4　$V \sqrt{gH + \dfrac{P_0 - P_1}{2\rho}}$

5　$V \sqrt{\dfrac{gH}{2} + \dfrac{P_0 - P_1}{\rho}}$

- -

〔題　意〕　流体力学におけるベルヌーイの式の理解を問う。

〔解　説〕　一様な重力場の中を流れる非粘性，非圧縮性流体の定常流に対しては，つぎのベルヌーイの式が成り立つ。

$$\frac{1}{2}v^2 + \frac{p}{\rho} + gh = \text{const.}$$

ここで v は流速，p は流体の圧力，ρ は密度である．この式の意味は，同じ一つの流線上に任意にいくつかの点をとり，それらの点において左辺の量を計算すると，その値は各点で同じになるという意味である．

いま，容器 A 内の水面から下に向かい，水平直管を通って容器 B へ流れ落ちる 1 本の流線を考える．その流線上で，容器 A の水面にごく近い点と，水平直管の出口にごく近い点の 2 点において，上の式の左辺を計算する．

容器 A 内の水の表面においては，問題文より水の流速は無視できるから，各パラメータの値はつぎのようになる．

$v = 0$

$p = P_0$

$h = H$

ただし，h は水平直管の中心軸の高さを基準に測った値である．
また水平直管出口の中心軸上においては，これらの量は

$v = V$

$p = P_1$

$h = 0$

したがって，ベルヌーイの式により，つぎの関係が成り立つ．

$$\frac{P_0}{\rho} + gH = \frac{P_1}{\rho} + \frac{1}{2}V^2$$

これから

$$V = \sqrt{2\left(\frac{P_0 - P_1}{\rho} + gH\right)}$$

〔正 解〕 1

1.3 第64回（平成26年3月実施）

---- 問 1 ----

方程式 $z^3=1$ の 1 でない 2 つの複素数解をそれぞれ z_1, z_2 とするとき，z_1+z_2 の値として正しいものを次の中から一つ選べ。ただし，i は虚数単位である。

1　-1
2　0
3　1
4　$1+i$
5　$1-i$

【題意】代数方程式に関する基礎知識を問う。

【解説】与えられた方程式 $z^3=1$ を書き換えて因数分解すると

$$z^3-1=(z-1)(z^2+z+1)=0$$

となる。したがって，1 でない二つの解とは $(z^2+z+1)=0$ の根である。

よく知られているように，二次方程式 $az^2+bz+c=0$ の 2 根の和 z_1+z_2 は $-b/a$ であるから，$z^2+z+1=0$ の 2 根の和は $-1/1=-1$ である。

【正解】1

---- 問 2 ----

図中の曲線を表す関数としてもっとも適切な式を次の中から一つ選べ。ただし，e は自然対数の底であり，$e=2.7$ として良い。

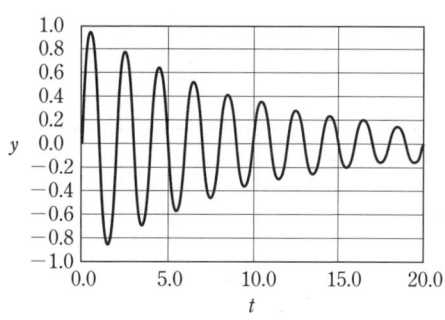

1. 計量に関する基礎知識

1 $y = e^{-\frac{t}{10}} \sin(2\pi t)$
2 $y = e^{-\frac{t}{2}} \sin(2\pi t)$
3 $y = e^{-t} \sin(2\pi t)$
4 $y = e^{-\frac{t}{10}} \sin(\pi t)$
5 $y = e^{-\frac{t}{5}} \sin(\pi t)$

【題意】 三角関数と指数関数に関する知識を問う。

【解説】 図より，振動の周期 T は大体 2 程度の大きさである。したがって，関数の振動部分 $\sin(2\pi t/T)$ は $\sin(\pi t)$ である。また時刻 t における振幅 $e^{-\frac{t}{a}}$ が，時刻 $t=0$ における振幅 1 の $1/e = 0.36$ 倍になるのは，図でみると $t=10$ の付近である。したがって $a=10$。

すなわち $y = e^{-\frac{t}{10}} \sin(\pi t)$ が正解である。

【正解】 4

【問】 3

ベクトル $\vec{a}$, $\vec{b}$ の絶対値が $|\vec{a}| = 2|\vec{b}|$ を満たし，$\vec{a}$ と $\vec{b}$ のなす角が 60° であるとき，$\vec{a}$ と $\vec{a} - t\vec{b}$ が直交する場合の t の値として正しいものを次の中から一つ選べ。

1 $\frac{1}{2}$
2 1
3 $\frac{3}{2}$
4 2
5 4

【題意】 ベクトルの内積に関する理解を問う。

【解説】 問題文より，ベクトル $\vec{a}$ とベクトル $\vec{a} - t\vec{b}$ は直交するから，その内積は 0 である。

$$\vec{a} \cdot (\vec{a} - t\vec{b}) = 0$$

内積は分配法則に従うから，括弧を開いてつぎのように書ける。

$$\vec{a} \cdot \vec{a} - t\vec{a} \cdot \vec{b} = 0$$

内積の定義から $\vec{a} \cdot \vec{a} = |\vec{a}|^2$, $\vec{a} \cdot \vec{b} = |\vec{a}||\vec{b}|\cos 60° = \frac{1}{2}|\vec{a}||\vec{b}|$ であり，また問題文から $|\vec{a}| = 2|\vec{b}|$ であるから，$\vec{a} \cdot \vec{b} = \frac{1}{4}|\vec{a}|^2$ である。ゆえに

$$|\vec{a}|^2 - \frac{1}{4}t|\vec{a}|^2 = 0$$

したがって，$t = 4$ である。

[正 解] 5

[問] 4

次の中から等式として誤っているものを一つ選べ。ただし，A および B は実数で $0 < A < \frac{\pi}{2}$, $0 < B < \frac{\pi}{2}$ である。

1 　$1 + \tan^2 A = \dfrac{1}{\cos^2 A}$

2 　$\sin(A+B) = \sin A \cos B + \cos A \sin B$

3 　$\cos(A-B) = \cos A \cos B - \sin A \sin B$

4 　$\sin A + \sin B = 2\sin\dfrac{A+B}{2}\cos\dfrac{A-B}{2}$

5 　$\cos A + \cos B = 2\cos\dfrac{A+B}{2}\cos\dfrac{A-B}{2}$

[題 意] 三角関数の公式の理解を問う。

[解 説] 各選択肢を順に検討する。

1 　$1 + \tan^2 A = 1 + \dfrac{\sin^2 A}{\cos^2 A} = \dfrac{\cos^2 A + \sin^2 A}{\cos^2 A} = \dfrac{1}{\cos^2 A}$

である。正しい。

2 　三角関数の加法定理そのままだから正しい。

3 　三角関数の加法定理によれば

$$\cos(A-B) = \cos A \cos B + \sin A \sin B$$

で，誤りである。

4 三角関数の積和公式を少し変形すると正しいことがわかる。積和公式は

$$\sin\alpha\cos\beta = \frac{\sin(\alpha+\beta)+\sin(\alpha-\beta)}{2}$$

ここで，$\alpha=(A+B)/2$，$\beta=(A-B)/2$ と変数変換すると，**4** の式となり，これが正しいことがわかる。

5 三角関数のつぎの積和公式に **4** と同様の変換を施すことにより，**5** の式が正しいことがわかる。

$$\cos\alpha\cos\beta = \frac{\cos(\alpha+\beta)+\cos(\alpha-\beta)}{2}$$

〔正 解〕 3

------ 〔問〕 5 ------

5次方程式 $x^5-x^4-7x^3+x^2+6x=0$ の解ではないものを次の中から一つ選べ。

 1 3
 2 2
 3 1
 4 -1
 5 -2

〔題 意〕 代数方程式の理解を問う。

〔解 説〕 与えれらた方程式を見ると，明らかに $x=0$ は根であるが，これは五つの選択肢に含まれない。したがって $x\neq0$ の場合だけを考えればよいから，方程式の両辺をあらかじめ x で割り，つぎの4次の代数方程式の根を考えることにする。

$$x^4-x^3-7x^2+x+6=0$$

この式であれば，各選択肢に与えられた値を方程式の左辺に代入して，0になるかどうか試してみても大して時間はかからない。

 1 $x=3$ を代入すると，$3^4-3^3-7\times3^2+3+6=81-27-63+3+6=0$。ゆえに $x=3$ は解である。

 2 $x=2$ を代入すると，$2^4-2^3-7\times2^2+2+6=16-8-28+2+6=-12$。ゆえ

に $x=2$ は解ではない。つまり正解は **2** である。

念のために以下の選択肢も確認する（実際の試験では，特に時間が余っている場合以外はやる必要はない）。

3 $x=1$ を代入すると，$1^4-1^3-7\times 1^2+1+6=1-1-7+1+6=0$。ゆえに $x=1$ は解である。

4 $x=-1$ を代入すると，$(-1)^4-(-1)^3-7\times(-1)^2-1+6=1+1-7-1+6=0$。ゆえに $x=-1$ は解である。

5 $x=-2$ を代入すると，$(-2)^4-(-2)^3-7\times(-2)^2-2+6=16+8-28-2+6=0$。ゆえに $x=-2$ は解である。

〔正 解〕 **2**

〔問〕**6**

2進数 11100110 から 16進数 9B を減じた。その答えの 10進数表記として正しいものを，次の中から一つ選べ。ただし，16進数の A から F は 10進数の 10 から 15 を表す。

1　71
2　72
3　73
4　74
5　75

〔題 意〕 異なる進数表記に関する知識を問う。

〔解 説〕 この程度の数字であれば，最初から 10進数に変換してから計算しても大して時間はかからない。

2進数 11100110 は，10進表記では，$2^7+2^6+2^5+2^2+2^1=128+64+32+4+2=230$。

また 16進数 9B は，10進表記では $9\times 16+11=144+11=155$。ゆえに，$230-155=75$ である。

（別解）　2進数の加減算ができるのであればつぎのようにしてもよい。

58   1. 計量に関する基礎知識

16進数の9は2進表記では1001，16進数のBは2進表記では1 011，したがって16進数の9Bの2進表記はこれら二つの2進数を横に並べて10 011 011である。したがって，問題文の引き算は以下のようになる。

```
  11100110
− 10011011
  ─────────
  01001011
```

差を10進数に変換すると，$2^6+2^3+2^1+2^0=64+8+2+1=75$。

[正 解] 5

---- [問] 7 ----

xy直交座標系において上に凸の二次曲線 $y=ax(x+b)$ と x 軸で囲まれる図形を考える。この面積が ab であるとき，b の値として正しいものを次の中から一つ選べ。

1 $-\sqrt{6}$

2 $\sqrt{6}$

3 1

4 $-\dfrac{1}{\sqrt{6}}$

5 $\dfrac{1}{\sqrt{6}}$

[題 意] 積分に関する理解を問う。

[解 説] 問題文より，放物線 $y=ax(x+b)$ が上に凸であるから，$a<0$ である。また量 ab は図形の面積であるから負になることはない。したがって，$b\leq 0$ である。これらを考慮すると放物線は図のようになり，面積を求めるべき図形は斜線で示した部分である。

斜線部の面積 S は

$$S=\int_0^{-b}(ax^2+abx)\,dx=\left[\frac{1}{3}ax^3+\frac{1}{2}abx^2+C\right]_0^{-b}=\frac{-ab^3}{3}+\frac{ab^3}{2}=\frac{1}{6}ab^3$$

となる（C は積分定数）。問題文より $(1/6)ab^3=ab$ である。したがって，$b=\pm\sqrt{6}$。

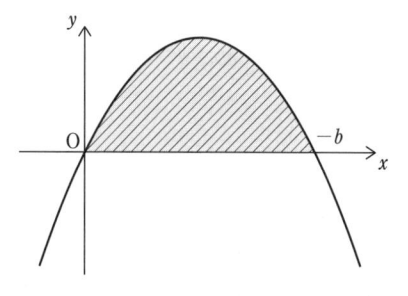

図　上に凸の二次曲線 $y = ax(x+b)$

最初に検討したとおり，b は正の値をとらないから，$b = -\sqrt{6}$ である。

[正 解] 1

[問] 8

二次の正方行列に関して式 $\mathbf{A}^2 - 4\mathbf{E} = \mathbf{0}$ が成り立つとき，行列 $\mathbf{A}$ として誤っているものを以下の中から一つ選べ。ただし $\mathbf{E}$ は単位行列を，$\mathbf{0}$ は零行列を表す。

1　$\begin{pmatrix} 2 & 0 \\ 0 & -2 \end{pmatrix}$

2　$\begin{pmatrix} 0 & 4 \\ 1 & 0 \end{pmatrix}$

3　$\begin{pmatrix} 0 & 2 \\ 2 & 0 \end{pmatrix}$

4　$\begin{pmatrix} 1 & 1 \\ 1 & 0 \end{pmatrix}$

5　$\begin{pmatrix} 0 & 1 \\ 4 & 0 \end{pmatrix}$

[題 意] 行列の演算に関する知識を問う。

[解 説] いま，$a,\ b,\ c,\ d$ を未知数として，行列 A をつぎのように置く。

$$A = \begin{pmatrix} a & b \\ c & d \end{pmatrix}$$

すると，A^2 は

$$A^2 = \begin{pmatrix} a & b \\ c & d \end{pmatrix} \begin{pmatrix} a & b \\ c & d \end{pmatrix} = \begin{pmatrix} a^2+bc & ab+bd \\ ac+cd & bc+d^2 \end{pmatrix} = \begin{pmatrix} 4 & 0 \\ 0 & 4 \end{pmatrix}$$

したがって

$a^2 + bc = 4$

$d^2 + bc = 4$

$ac + cd = 0$

$ab + bd = 0$

最初の二つの式から $a^2 = d^2$, ゆえに $a = \pm d$。したがって，Aの二つの対角要素の絶対値は等しくなければならない。この条件を満たさないのは **4** である。

(別解) 問題に与えられているような簡単な行列では，実際に計算しても大して時間はかからない。

1　$\begin{pmatrix} 2 & 0 \\ 0 & -2 \end{pmatrix} \begin{pmatrix} 2 & 0 \\ 0 & -2 \end{pmatrix} = \begin{pmatrix} 4 & 0 \\ 0 & 4 \end{pmatrix}$

2　$\begin{pmatrix} 0 & 4 \\ 1 & 0 \end{pmatrix} \begin{pmatrix} 0 & 4 \\ 1 & 0 \end{pmatrix} = \begin{pmatrix} 4 & 0 \\ 0 & 4 \end{pmatrix}$

3　$\begin{pmatrix} 0 & 2 \\ 2 & 0 \end{pmatrix} \begin{pmatrix} 0 & 2 \\ 2 & 0 \end{pmatrix} = \begin{pmatrix} 4 & 0 \\ 0 & 4 \end{pmatrix}$

4　$\begin{pmatrix} 1 & 1 \\ 1 & 0 \end{pmatrix} \begin{pmatrix} 1 & 1 \\ 1 & 0 \end{pmatrix} = \begin{pmatrix} 2 & 1 \\ 1 & 1 \end{pmatrix}$

5　$\begin{pmatrix} 0 & 1 \\ 4 & 0 \end{pmatrix} \begin{pmatrix} 0 & 1 \\ 4 & 0 \end{pmatrix} = \begin{pmatrix} 4 & 0 \\ 0 & 4 \end{pmatrix}$

したがって，**4** が行列Aとしては誤りである。

[正解] **4**

問 9

等差級数の比の極限 $\lim_{n \to \infty} \dfrac{1 + 2 + \cdots + n}{(n+1) + (n+2) + \cdots + 2n}$ の値として正しいものを次の中から一つ選べ。

1　$\dfrac{1}{4}$

2 $\dfrac{1}{3}$

3 $\dfrac{1}{2}$

4 $\dfrac{2}{3}$

5 $\dfrac{3}{4}$

[題意] 数列の和と極限に関する理解を問う。

[解説] 分子の和はよく知られているように

$$1+2+\cdots\cdots+n=\dfrac{1}{2}n(n+1)$$

である。また分母は

$$(n+1)+(n+2)+\cdots\cdots+(n+n)$$
$$=(n+n+\cdots\cdots+n)+(1+2+\cdots\cdots+n)$$
$$=n\cdot n+\dfrac{1}{2}n(n+1)$$
$$=\dfrac{3}{2}n^2+\dfrac{1}{2}n$$

である。ゆえに与えられた分数は

$$\dfrac{\dfrac{1}{2}n^2+\dfrac{1}{2}n}{\dfrac{3}{2}n^2+\dfrac{1}{2}n}=\dfrac{1+\dfrac{1}{n}}{3+\dfrac{1}{n}}$$

$n\to\infty$ の極限をとると $1/n$ は 0 に収束して,答は $1/3$ となる。

[正解] 2

問 10

ある事象が1試行で生起する確率を p とすると,この試行を3回行った時の,この事象が続けて2回のみ生起する確率を次の中から一つ選べ。

1 $p(1-p)^2$

2 $2p(1-p)$

3 $p^2(1-p)^2$
4 $2p^2(1-p)$
5 $p^2(1-p)$

[題意] 確率に関する理解を問う．問題文をよく読み，「続けて」という言葉を読み落とさないことが大切である．

[解説] ある事象が生起する確率が p であるから，その事象が生起しない確率は $1-p$ である．したがって，3回の試行において，その事象が

(1) 1回目と2回目に「続けて」生起し，3回目には生起しない確率は $p^2(1-p)$

(2) 1回目には生起せず，2回目と3回目に「続けて」生起する確率は $(1-p)p^2$

である．

したがって，上の二つのケースのどちらか起きる確率は，$p^2(1-p)+(1-p)p^2 = 2p^2(1-p)$ である．2回「続けて」その事象が生起するケースは，上の (1) と (2) 以外にはない．

[正解] 4

[問] 11

確率・統計に関する次の記述の中から，誤っているものを一つ選べ．

1 正規分布はガウス分布ともいう．

2 分布関数がその定義域で微分可能のとき，その導関数は確率密度関数となる．

3 いかなる分布関数も単調減少関数である．

4 全体集合に属し，集合 A に属さない要素の集合を A の補集合という．

5 空事象と任意の事象の積事象は空事象となる．

[題意] 確率・統計に関する知識を問う．

[解説] 選択肢を順次検討する．

1 正規分布を表す関数はガウス関数の一種なので，正規分布はガウス分布とも呼ばれる．したがって正しい．

2 確率密度関数の定義から正しい。

3 確率密度関数は，確率変数がある微小区間にある確率を表すから，つねに 0 と 1 の間の値をとり，負になることはない。**2** に述べられていることの逆を考えると，分布関数は確率密度関数を区間 $[-\infty, x]$ で積分したものである。正または零の関数の積分は x の単調非減少関数（単調に増加するか停留値をとる関数）になる。したがって誤り。

4 補集合の定義より正しい。

5 二つの事象 A, B において「A であり，かつ B である」事象を A と B の積事象という。右の図では斜線部分が積事象である。もし A が空事象で円の面積が 0 であると，斜線部分の面積も 0 になる。すなわち，空事象と任意の事象の積事象は空事象である。したがって正しい。

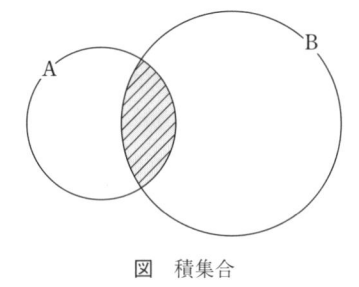

図　積集合

【正解】3

----- 【問】 12 -----

ある部品の供給元 A 社，B 社および C 社での不良率は，それぞれ 1%，4% および 2% である。A 社の部品 300 個と B 社の部品 200 個と C 社の部品 500 個を混ぜた中から，無作為に 1 個の部品を取り出すとき，それが不良品である確率を次の中から一つ選べ。

1　0.082

2　0.063

3　0.051

4　0.043

5　0.021

【題意】　確率に関する知識を問う。

【解説】　(1)　無作為に取り出した 1 個の部品が A 社の製品である確率は，$300/(300+200+500) = 0.3$ である。またその部品が不良品である確率は 0.01 であるから，

無作為に取り出した1個の部品がA社製でかつ不良品である確率は $0.3 \times 0.01 = 0.003$ である。すなわち，A社製の不良品を取り出す確率は 0.003 である。

(2) 同様に，B社製の不良品を取す出す確率は $\{200/(300+200+500)\} \times 0.04 = 0.008$ である。

(3) 同様に，C社製の不良品を取り出す確率は $\{500/(300+200+500)\} \times 0.02 = 0.01$ である。

上の (1)，(2)，(3) のいずれか一つが起きる確率は，個々の事象が起きる確率の和 $0.003 + 0.008 + 0.010 = 0.021$ である。

〔正 解〕 5

---- 問 13 ----

静止している人が周波数 f の音源を持っている。この音源から出た音が，静止している人から速さ v で遠ざかっていく車に反射して戻ってきた。この反射音の周波数は，車に乗っている人が聞く周波数の音を車が発しているとして求めることができる。静止している人が聞くうなりの周波数を表す式として，正しいものを次の中から一つ選べ。ただし，空気中の音の速さを V とし，$V>v$ とする。

1　$\dfrac{vf}{V+v}$

2　$\dfrac{2vf}{V+v}$

3　$\dfrac{vf}{V}$

4　$\dfrac{vf}{V-v}$

5　$\dfrac{2vf}{V-v}$

〔題 意〕 ドップラー効果に関する理解を問う。

〔解 説〕 ドップラー効果に関する問題である。音速を V_{snd} とし，速さ v_s で動く音源 (source) から振動数 f_s の音波が発せられているとき，速さ v_o で動く観測者 (observer) が観測する音波の振動数が f_o であったとすると，つぎの関係式が成り立

つ．

$$\frac{V_{snd}-v_s}{f_s}=\frac{V_{snd}-v_o}{f_o} \tag{1}$$

関係式を式（1）の形にしておくと，左辺は音源に関する量のみを含み，右辺は観測者に関する量のみを含み，かつ対称なので覚えやすい．速さ V_{snd}, v_s, v_o はすべて同じ方向，例えば下の図の $+x$ 方向を正にとる（左辺と右辺の分数式の分子は，それぞれ音源から見た相対音速と観測者から見た相対音速を表している．「音速＝振動数×波長」という関係があるので，式（1）は，音源から見た波長と観測者から見た波長が等しいことを表している）．

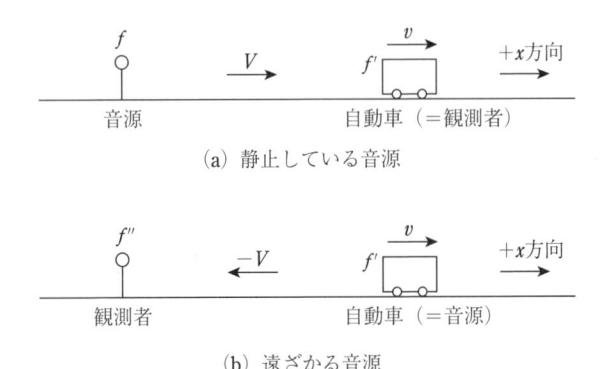

(a) 静止している音源

(b) 遠ざかる音源

図　音源と観測者

なお，式（1）に現れる速さ v_s, v_o は媒質である空気に対する速さである．しかし特に空気の動きについて言及されていなければ，空気は地面に対して静止していると考え，これらは地面に対する速さと考えてよい．

（1）まず，静止している音源から発せられた振動数 f の音波が，音源から速さ v で遠ざかる自動車で振動数 f' として観測された（図 (a)）とすると，式（1）において，$V_{snd}=V$, $v_s=0$, $v_o=v$ であるから，つぎの関係式が成り立つ．ここに，速さは自動車の速さ v の方向を正にとり，音波は自動車と同じ方向に伝搬していることを考慮した．

$$\frac{V}{f}=\frac{V-v}{f'} \tag{2}$$

ゆえに

$$f' = \frac{V-v}{V}f \tag{3}$$

(2) つぎに，自動車から発せられた（反射された）振動数 f' の音波が，観測者（音源の位置にいる）によって振動数 f'' の音波として観測された（図 (b)）とすると $V_{snd}=-V$, $v_s=v$, $v_o=0$ であるから，つぎの関係式が成り立つ．今回は音波の伝搬方向が逆になっていることを考慮した．

$$\frac{-V-v}{f'} = \frac{-V}{f''} \tag{4}$$

ゆえに

$$f'' = \frac{V}{V+v}f' \tag{5}$$

である．

(3) 以上のことから，結局自動車から音源の位置へ反射してきた音波の振動数 f'' は

$$f'' = f'\frac{V}{V+v} = \frac{V-v}{V} \cdot \frac{V}{V+v}f = \frac{V-v}{V+v}f$$

他方，うなりの振動数は，音源の発している音波と反射音波の振動数の差の絶対値であるから

$$f_{beat} = |f - f''| = \left|1 - \frac{V-v}{V+v}\right|f = \frac{2vf}{V+v} \tag{6}$$

である．

[正解] 2

問 14

図のような装置を用いると，媒質中の光の速さを測定することができる．すなわち，光源から出た光が，屈折率 n の媒質で満たされた容器の窓から容器内の O 点に入射する．O 点には，O 点を中心として毎秒 ρ 回転する回転鏡 R が置かれている．この O 点から距離 L 離れたところには，O 点を球面の中心とする凹面鏡 M が固定されている．回転鏡 R で反射した光は，凹面鏡 M で反射すると O 点に戻るが，光が距離 $2L$ を伝わる間に回転鏡 R の角度が変わっているため，この反射光は入射光と角度 θ を成す方向に戻る．この θ の大きさをラジア

ン (rad) で表すとどうなるか．正しい式を次の中から一つ選べ．
ただし，真空中の光の速さを c とする．

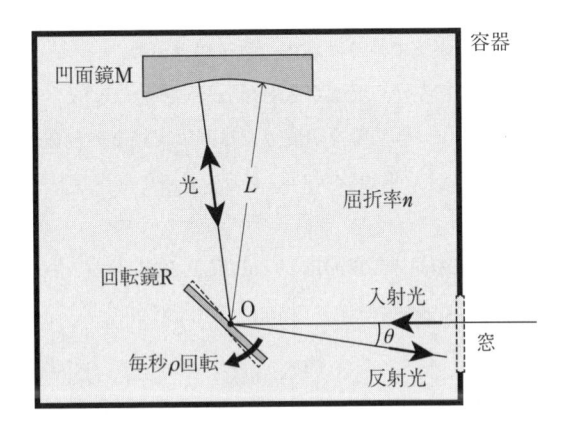

1 $\dfrac{4\pi\rho L}{nc}$

2 $\dfrac{8\pi\rho L}{nc}$

3 $\dfrac{2\pi n\rho L}{c}$

4 $\dfrac{4\pi n\rho L}{c}$

5 $\dfrac{8\pi n\rho L}{c}$

[題意] 幾何光学の基礎の理解を問う．

[解説] 入射光が鏡の上の点 O に当たり，距離 L を進んで鏡面に当たり，また距離 L を引き返してきて点 O へ戻るまでにかかる時間 Δt は，$2L/(c/n)$ である．ここに，屈折率 n の媒質中の光速は c/n であることを考慮した．Δt の間に鏡は $2\pi\rho\times\Delta t=4\pi\rho L/(c/n)=4n\pi\rho L/c$ 〔rad〕回転している．鏡に一定の方向から光を当てて，鏡を角度 α だけ傾けると，反射光は 2 倍の 2α だけ方向がずれることはよく知られている（下の注を参照）．したがって，求める θ 〔rad〕は

$$\theta=\dfrac{8n\pi\rho L}{c}$$

68   1. 計量に関する基礎知識

である。
(注意) 鏡による光線の反射について

　一定の方向から光線を入射している状態で鏡を角度 θ 傾けると，反射光線は角度 2θ だけ傾く。よく知られた事実であるが理由は以下のとおり。

　下の図において，鏡1に左から光線が入射角 α で入射している。そのときの反射角は，$\angle N_1OR_1 = \alpha$ である。つぎに鏡を角度 θ だけ傾けて鏡2の位置へ動かすと，入射角 $\angle ION_2$ は $\alpha+\theta$ になり，反射角 $\angle N_2OR_2$ も $\alpha+\theta$ になる。ここで N_1，N_2 は鏡の法線である。

　したがって，反射光線の傾き $\angle R_1OR_2$ は $\angle IOR_2 - IOR_1 = 2(\alpha+\theta) - 2\alpha = 2\theta$ となり，鏡の傾き角の2倍になる。

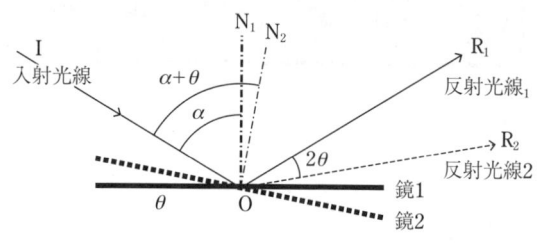

図　鏡の傾きと反射光の傾き

[正解] 5

----- [問] 15 -----

　図のように，原子の存在する平面（格子面）が一定の間隔 d で並んでいる結晶がある。この格子面の法線から角度 θ で波長 $\lambda\left(\dfrac{\lambda}{2} < d < \lambda\right)$ のX線を入射させ，反射したX線の強度を測定したところ，角度 θ が θ_0 となったところで反射強度が最大になった。格子面の間隔 d を表す式として正しいものを，次の中から一つ選べ。

1　$d = \dfrac{\lambda}{2\sin\theta_0}$

2　$d = \dfrac{\lambda}{\sin\theta_0}$

3    $d = \dfrac{\lambda}{2\cos\theta_0}$

4    $d = \dfrac{\lambda}{\cos\theta_0}$

5    $d = \dfrac{2\lambda}{\cos\theta_0}$

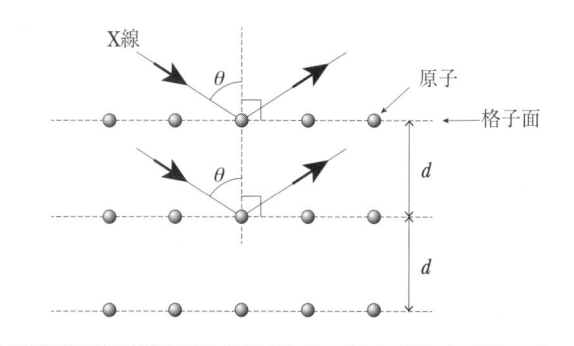

【題意】結晶によるX線回折に関する理解を問う。

【解説】つぎの図において点Pから垂線PA, PBを下す。すると，PAは入射波の波面に，PBは反射波の波面に平行であるから，上の格子面で反射されたX線と下の格子面で反射されたX線の間には長さ $\overline{\text{AO}} + \overline{\text{OB}}$ に相当する光路差があることがわかる。この光路差がX線の波長の n 倍（整数倍）になるように角度 θ_0 を選ぶと，その方向で反射強度が最大になる。

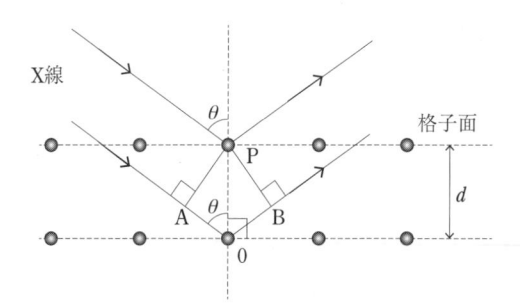

図　結晶格子によるX線の回折

図より

$$\overline{\text{AO}} = \overline{\text{OB}} = d\cos\theta$$

したがって，反射強度が最大になる条件は

$$\overline{\text{AO}} + \overline{\text{OB}} = 2d\cos\theta_0 = n\lambda$$

これから

$$d = \dfrac{n\lambda}{2\cos\theta_0}$$

ところで，問題文によれば，$(\lambda/2) < d < \lambda$ であるから，d に上の式を代入すると，

$\cos\theta_0 < n < 2\cos\theta_0 \leq 2$，したがって $n=1$ の場合のみが正しい。**3** が正解。

（注意） 上で導出した式はブラッグの式と呼ばれているものがあるが，普通の取り扱いでは θ の補角を入射角とみなすので，教科書などで見られる式の sin が本問では cos になっている。慌てて間違えないようにすること。

[正解] 3

[問] 16

大気中には ^{12}C と ^{14}C が存在する。^{12}C は安定であるが ^{14}C は半減期 5730 年で崩壊して ^{14}N に変わり，その ^{14}N は宇宙線と衝突すると再び ^{14}C に戻る。大気中ではこの両過程が長い時間で平衡に達し，^{14}C と ^{12}C の比がほぼ一定値 C_0 になっている。

生物体は大気中の CO_2 を取り入れるので，体内のこの比が大気中とほぼ同じでほぼ C_0 となっているが，生物体が死んで地中に埋もれると，宇宙線の影響を受けなくなり ^{14}C が減る。

地中にあった動物の骨の ^{14}C と ^{12}C の比を測定した結果が C_t であり $\dfrac{C_t}{C_0} = 0.9$ であった時，この動物が死んだのはおよそ何年前か，もっとも近いものを次の中から一つ選べ。ただし，0.9 および 2 の自然対数の値は，$\log 0.9 = -0.1$ および $\log 2 = 0.7$ とする。

1　1350 年前
2　820 年前
3　300 年前
4　120 年前
5　50 年前

[題意] 放射性崩壊の半減期に関する理解を問う。

[解説] 半減期を $T_{1/2}$ とする。時刻 $t=0$ における放射性物質の量を C_0，時刻 t における量を C_t とすると，半減期の定義よりつぎの関係が成り立つ。

$$C(t) = C_0\, 2^{-\frac{t}{T_{1/2}}}$$

問題文より，$T_{1/2} = 5730$ である．また，t 年後に $C(t) = 0.9\,C_0$ になっていたから

$$\frac{C(t)}{C_0} = 2^{-\frac{t}{5730}} = 0.9$$

中央の辺と右辺の自然対数をとると

$$-\frac{t}{5730}\ln 2 = \ln 0.9$$

問題文中に与えられた $\ln 0.9 = -0.1$，$\ln 2 = 0.7$ を用いると

$$t = -5730 \times \frac{\ln 0.9}{\ln 2} = -5730 \times \frac{-0.1}{0.7} = 820$$

〔正解〕 2

問 17

レーザ光の特徴を表した次の記述の中から，誤っているものを一つ選べ．

1 単色性に優れたものがあり，波長周波数標準に使われている．
2 ピコ秒以下の時間幅で発光させることができる．
3 干渉計の光源として使用した場合，測長距離を数百メートル以上にすることができる．
4 指向性に優れている．
5 レンズを用いて数ピコメートルの直径まで集光できる．

〔題意〕 レーザ光の性質に関する知識を問う．

〔解説〕 1 は正しい．我国の「長さ」の特定標準機は，従来「よう素安定化ヘリウムネオンレーザー」が使われていたが，2009 年からは超短光パルスレーザーを用いた光周波数コム装置に変わった．前者の波長安定性は 2×10^{-11}，後者のそれは 7×10^{-14} であり，いずれも単色性に非常に優れている．

2 は正しい．超短光パルスレーザーから出力される光はピコ秒からサブピコ秒（$1\,\mathrm{ps} = 10^{-12}\,\mathrm{s}$）の超短光パルスである．

3 は正しい．レーザ光のコヒーレンス長は長く，数 km のものもある．したがって，干渉計を用いて数百 m の距離を測定することは可能である．従来は大型の施設が必要なうえ，空気の屈折率変動の問題があって簡単には測定できなかったが，最近は光コ

ムを利用した新しい距離計が開発されつつある。

4は正しい。 レーザ光は，ビーム断面の中で位相がよく揃っているために指向性に優れている。例えば，直径が2 mmのビームは，100 m進んで約3 cmにしか広がらない。

5は誤りである。 幾何光学的には，収差のないレンズを作ればいくらでも小さなスポットに集光できるように思われるかもしれない。しかし光は電磁波であり，その電磁場はマックスウェル方程式を満たさなければならない。レーザーから放出される近軸光線の電磁場の関数形は知られており，それによればレーザービームの集光スポットの直径は，1波長内外の大きさより小さくできない。したがって，通常の光の集光点の直径はマイクロメートルの程度であり，ピコメートルにまで集光することはできない。

[正解] 5

[問] 18

抵抗値が R である2つの抵抗器 R_1 と R_4，抵抗値が $2R$ である2つの抵抗器 R_2 と R_3，および一定電圧を発生する電池 E を用い，図に示す回路を作った。このとき，抵抗器 R_1 を流れる電流 I_1 と抵抗器 R_2 を流れる電流 I_2 の比 $\dfrac{I_1}{I_2}$ はいくらになるか。次の中から正しいものを一つ選べ。ただし，抵抗器以外の部分の抵抗値は無視できるものとする。

1　$\dfrac{1}{4}$

2　$\dfrac{1}{2}$

3　1

4　2

5　4

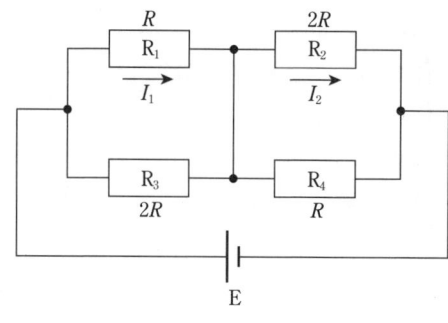

[題意]　電気回路に関する理解を問う。

[解説]　回路の対称性を利用すると容易に解答できる。
問題の回路図をつぎの図のように書き換える。わかりやすくするために，R_2 と R_4 の

位置を入れ替えてある。このように書き換えても，回路の対称性から各抵抗に流れる電流の大きさは変わらない。また左右の対称性から R_4 に流れる電流 I_4 は R_1 に流れる電流 I_1 に等しく，R_3 に流れる電流 I_3 は R_2 に流れる電流 I_2 に等しい。したがって I_1 と I_2 を比べる代わりに I_1 と I_3 を比べてもよい。

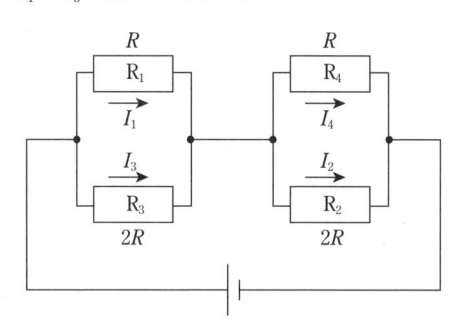

図　書き換えた回路図

図からわかるように R_1 と R_3 の両端の電位差は同じで，抵抗値はそれぞれ R と $2R$ であるから，I_3 は I_1 の半分である。したがって I_2 も I_1 の半分である。

[正 解] 4

----- 問 19 -----

図のように，2枚の十分広い極板 A，B を距離 $5d$ だけ離して向かい合わせた平行平板コンデンサーがあり，極板 A が接地されている。それらの極板間には，電荷をもたない厚さ d の金属板 C が，極板 B から d の間隔をおいて極板に平行に置かれている。この極板 B に Q の正電荷を与えたところ，極板 B の電位は V_B となった。このとき，極板 A と B の中心を結ぶ軸（x 軸）における電位の変化を表すグラフとして最も適当なものを次の中から一つ選べ。

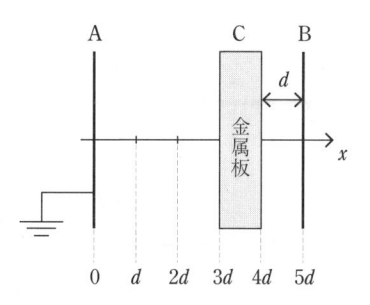

1 電位

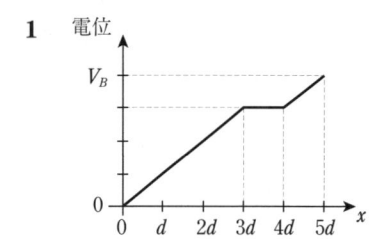

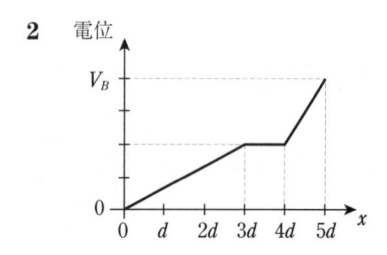

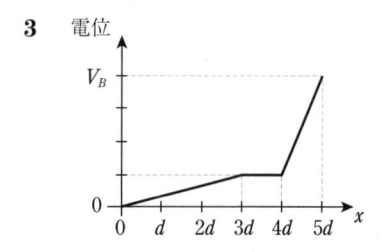

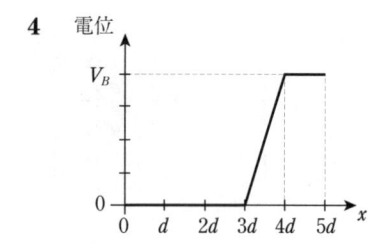

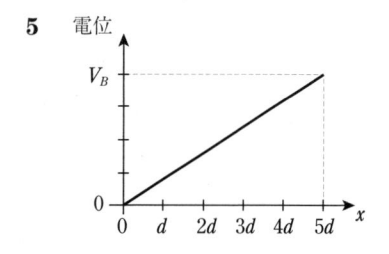

縦軸: V_B, 横軸 x: $0, d, 2d, 3d, 4d, 5d$

2 電位

縦軸: V_B, 横軸 x: $0, d, 2d, 3d, 4d, 5d$

3 電位

縦軸: V_B, 横軸 x: $0, d, 2d, 3d, 4d, 5d$

4 電位

縦軸: V_B, 横軸 x: $0, d, 2d, 3d, 4d, 5d$

5 電位

縦軸: V_B, 横軸 x: $0, d, 2d, 3d, 4d, 5d$

[題意] 静電場に関する理解を問う。

[解説] 極板Bに $+Q$ の正電荷を与えると，静電誘導によって導体（金属板）C の右側の面に $-Q$ の電荷が現れる。問題文より，導体は最初電荷を帯びていなかったから，導体Cの左側の面に $+Q$ の電荷が現れる。さらに静電誘導によって，極板A の右側の面にも $-Q$ の電荷が現れる。このように，極板Aに電荷 $+Q$ を与えると，AC間とCB間に平行平板コンデンサができ，両者ともに電荷 Q で充電された状態になる（図 (a)）。

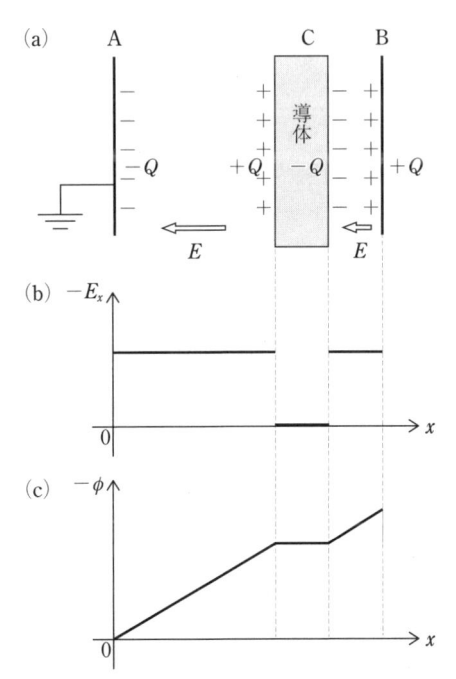

図 平行平板コンデンサ内部の電場 (E_x) と電位 (ϕ)

ところで，ガウスの定理によれば（あるいは平行平板コンデンサの基礎知識によれば），十分広い平行平板コンデンサの内部にできる電場は，極板上の電荷密度に比例し，極板からの距離によらず一定である。したがって，AC間の電場とCB間の電場は，極板に挟まれた空間内で一様であり，大きさも方向（$-x$ 方向を向いている。図 (a) の矢印参照）も等しい。さらに，静電場の基礎知識より，導体Cの中では静電場

は0である。

以上をまとめて，極板AとCの間の電場の大きさ（電場のx成分E_xに負号を付けたもの）をxの関数としてグラフにすると図（b）のようになる。

他方，電位（ϕ）は電場（E_x）をxで積分して負号を付けた量である（$\phi(x) = -\int_0^x E_x dx$）。したがって，電位を$x$に対してプロットすると，AC間では一定の傾きをもって上昇し，Cの内部では水平線（傾き0の線）となり，CB間ではまた（AC間と）同じ傾きをもって上昇する（図（c））。

[正解] 1

----- [問] 20 -----

ある天体の表面における重力加速度が約$4\ \mathrm{m/s^2}$であった。この天体の表面より，物体を初速度v_0で鉛直上方に打ち上げるとき，その物体がこの天体の引力から脱して無限遠に到達できるための最小の打ち上げ速度は，初速度で与えられた運動エネルギーの全てが位置エネルギーに変わったものとして求めることができる。その値として最も近いものを，次の中から一つ選べ。ただし，天体の半径は約$4 \times 10^6\ \mathrm{m}$とする。

1　40 km/s
2　24 km/s
3　12 km/s
4　6 km/s
5　1 km/s

[題意] 万有引力の計算を通して力学の理解を問う。

[解説] 天体表面での重力加速度をg，天体を球体としてその半径をr_0，天体の質量をMとする。重力加速度gの天体表面に置かれた質量mの物体に働く重力は$f = mg$である。同じ重力fは，ニュートンの万有引力の法則を用いて表すこともできる。すなわち，$f = G(mM/r_0^2)$である。ここで「一様な密度を持つ球体と，（球体の外にある）質点との間に働く引力は，球体の全質量がその中心に集中していると考えて，

2質点間の引力として計算できる」というニュートンの定理を用いた。以上から

$$G\frac{mM}{r_0^2} = mg$$

ゆえに，$GM = gr_0^2$ である。問題文より，$r_0 = 4 \times 10^6$ m，$g = 4$ m/s^2 であるから $GM = 64 \times 10^{12}$ となる。

また，質量 m の物体を天体の表面から無限遠方まで持っていくのに要するエネルギーは

$$\int_{r_0}^{\infty} G\frac{mM}{r^2} dr = -GmM\left[\frac{1}{r}\right]_{r_0}^{\infty} = GmM\frac{1}{r_0}$$

問題に示唆されているとおり，初速度 v で与えられるエネルギー $1/2\, mv^2$ がこれと等しいから，$v = \sqrt{2GM/r_0}$ となる。上で計算した GM の値を用いると，$v = \sqrt{32} \times 10^3 = 5.6 \times 10^3$ m/s となる。

一番近いのは **4** である。

[正 解] **4**

[問] 21

次の中から，エネルギーの単位で表されるものを一つ選べ。

1 ばねの伸びとばね定数の積
2 電圧と電流の積
3 抵抗と電流の積
4 圧力と面積の積
5 熱容量と温度差の積

[題 意] 物理量の次元に関する理解を問う。

[解 説] 各選択肢を順に見ると

1 ばねの伸びとばね定数の積は「力」の単位で表される。

2 電圧と電流の積は「仕事率」の単位で表され，これは「エネルギー」を「時間」で割った量である。

3 抵抗と電流の積は「電圧」の単位で表される。これは「エネルギー」を「電荷」で割った量である。

78   1. 計量に関する基礎知識

4 圧力と面積の積は「力」の単位で表される。
5 熱容量と温度差の積は「エネルギー」の単位で表される。

[正解] 5

----- [問] 22 -----

大気中にある物体は空気の浮力を受けている。1 kg のステンレス製の分銅の質量を，大気中でばねばかりで測定したとき，はかりが示す値は真空中での測定の値に比べてどうなるか。正しい記述を次の中から一つ選べ。ただし，ステンレスの密度を 8 g/cm^3，空気の密度を 1 kg/m^3 とする。

1 0.125 g 大きくなる。
2 0.125 g 小さくなる。
3 1.25 g 大きくなる。
4 1.25 g 小さくなる。
5 同じである。

[題意] はかりの空気浮力補正の問題であり，流体の物理の基礎知識を問う。

[解説] 重力加速度を g とする。体積 v の物体が密度 ρ の流体中にあるとき，その物体は大きさ $\rho v g$ の浮力を受ける。

分銅の密度 8 g/cm^3 は 8×10^3 kg/m^3 であるから，1 kg のステンレス分銅の体積は $1/(8 \times 10^3) = 0.125 \times 10^{-3}$ m^3 である。したがって，分銅が密度 1 kg/m^3 の空気から受ける浮力は，$1 \times 0.125 \times 10^{-3} \times g = 0.125 \times 10^{-3} g$ 〔N〕である。ばねばかりが $0.125 \times 10^{-3} g$ 〔N〕の上向きの力を受けるとその目盛は 0.125×10^{-3} kg = 0.125 g 減少する。

[正解] 2

----- [問] 23 -----

80℃の水 100 g と 20℃の水 50 g を混ぜると，水の温度は何度になるか。最も近いものを次の中から一つ選べ。

1 30℃

2　40℃
3　50℃
4　60℃
5　70℃

【題意】液体間の熱の授受に関する理解を問う．

【解説】水の1g当りの熱容量をC〔J/(K·g)〕とする．0℃の状態を内部エネルギー0の基準とすると，80℃，100gの水の有する内部エネルギーは$8\,000\,C$〔J〕，20℃の水50gが有する内部エネルギーは$1\,000\,C$〔J〕である．したがって内部エネルギーの合計は$9\,000\,C$〔J〕となる．水の量は合計150gであるから，混合した後の水の温度は$9\,000\,C/(150\times C)=60$℃である．

(注意)　この問題では，混合する物質は液体であるから，混合に際しての体積変化は無視しうるほど小さい．したがって仕事のやり取りがなく，熱のやり取りを計算するだけで内部エネルギーのやり取りが計算できる．もし混合する物質の中に気体が含まれていると，仕事のやり取りも計算に入れなければならないから，取扱いはもっと複雑になる．液体と固体のみから成る系の場合だけ，この種の簡単な計算が可能なことに注意する．

【正解】4

【問】24

次の単位の中で，非SI単位はどれか，正しいものを一つ選べ．

1　平面角　　　　ラジアン（rad）
2　圧力，応力　　パスカル（Pa）
3　速度　　　　　ノット（kn）
4　電気抵抗　　　オーム（Ω）
5　照度　　　　　ルクス（lx）

【題意】SI単位の理解を問う．

【解説】1　ラジアンはSI単位である．

2 パスカルは SI 単位である。

3 ノットは非 SI 単位である。

4 オームは SI 単位である。

5 ルクスは SI 単位である。

（注意） 国際単位系（SI）は，国際度量衡局（BIPM）が発行する国際文書「The International System of Units」に定義されており，その最新版は 2006 年刊行の第 8 版である（2014 年 11 月現在）。

3 のノットは，同文書の表 8,「その他の非 SI 単位」に記載の単位である。表 8 にはノットの外に，バール，水銀柱ミリメートル，オングストローム，海里，バーン，ネーパ，ベル，デシベルが挙げられている。

1，**2**，**4**，**5** のそれぞれラジアン，パスカル，オーム，ルクスは，同文書の表 3 に掲載される「固有の名称とその独自の記号で表される一貫性のある SI 組立単位」の 22 個の単位の中に含まれている。

なお，SI の基本となる「SI 基本単位」は，同文書の表 1 に掲載されており，メートル，キログラム，秒，アンペア，ケルビン，モル，カンデラの七つがある。

〔正解〕 3

問 25

図に示す管路を送風機につなぎ，空気を吸入した。この管路の左側にある吸い込み口は漏斗状になっており，その右側にある断面積が一定で円筒状の円管路に滑らかに接続されている。この円管路に取り付けられた静圧孔の位置において流速 V の流れが発生しているとき，静圧孔で測定される圧力 P はどう表されるか。正しいものを次の中から一つ選べ。

ただし，吸い込み口から十分に離れた領域では流速が 0 であり，その位置における空気の圧力は P_0，密度は ρ とし，この領域と静圧孔の位置における流れの間には，重力項を無視した非圧縮流体の定常流に関するベルヌーイの定理が成り立つものとする。

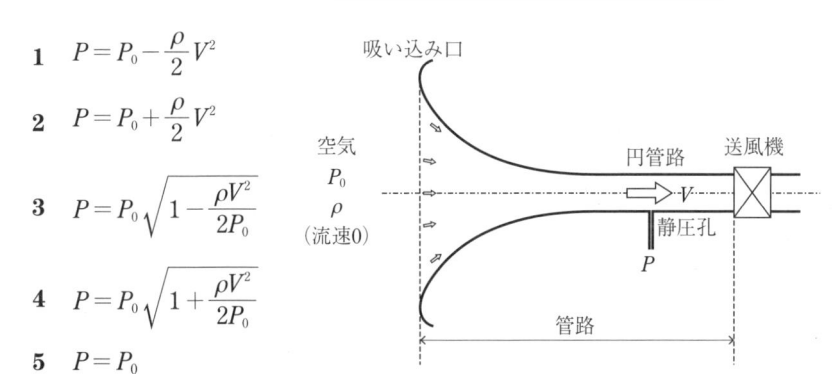

1　$P = P_0 - \dfrac{\rho}{2} V^2$

2　$P = P_0 + \dfrac{\rho}{2} V^2$

3　$P = P_0 \sqrt{1 - \dfrac{\rho V^2}{2 P_0}}$

4　$P = P_0 \sqrt{1 + \dfrac{\rho V^2}{2 P_0}}$

5　$P = P_0$

［題意］ ベルヌーイの定理の問題であり，流体力学の基礎知識を問う．

［解説］ 吸い込み口から十分離れた位置から静圧孔付近へとつながる1本の流線を考えると，その流線上でつぎのベルヌーイの式が成り立つ．ただし，問題文にしたがって重力項は無視した．

$$p + \dfrac{1}{2} \rho v^2 = 一定$$

ここで，p は圧力，ρ は密度，v は流速である．問題文により，吸い分込み口から十分離れた位置では $p = P_0$，$v = 0$ であり，静圧孔付近では $p = P$，$v = V$ である．したがって，ベルヌーイの定理は

$$P_0 = P + \dfrac{\rho}{2} V^2$$

となり，$P = P_0 - \dfrac{\rho}{2} V^2$ である．

［正解］ 1

2. 計量器概論及び質量の計量

計 質

2.1 第62回（平成24年3月実施）

問 1

計量器の主要な特性に関する用語をア，イ，ウに示し，それらの用語に対応する説明の候補をAからDに示す。用語と説明の正しい組合せを選択肢の中から一つ選べ。

ア　参照動作条件
イ　定格動作条件
ウ　限界動作条件

A　校正によって確立された関係が，時間とともに変動する測定対象量に対しても成り立つ動作条件

B　測定器又は測定システムが設計どおりに機能するために，測定中に満たさなければならない動作条件

C　定格動作条件下で継続して動作させるとき，損傷することなく，また，規定の計量計測特性を低下させることなく維持するために，測定器又は測定システムに要求される極限の動作条件

D　測定器若しくは測定システムの性能を評価するため，又は測定結果の比較のために，あらかじめ定められた動作条件

	ア	イ	ウ
1	B	D	A
2	D	B	C
3	D	A	B

| 4 | A | D | B |
| 5 | A | B | C |

[題意] 計量基本用語の特性に関する説明について問う。

[解説] 標記の内容は TS Z 0032：国際計量計測用語―基本及び一般概念並びに関連用語（VIM）に定義が示されている。

アの「参照動作条件」は，VIM には基準条件として記述されており，「計器の性能試験のため，又は，測定結果の相互比較のために規定された使用条件」である。したがって，近い表現としては D となる。

同様にイの「定格動作条件」とは，「計器の指定された計量特性が，与えられた限界内におさまるような使用条件」とある。したがって，近い表現としては B が適切である。

最後にウの「限界動作条件」は，「計器が損傷せず，またその後定格動作条件の下で使用したときにも，指定された計量特性が劣化しない極限の条件」とあるので C と解釈できる。

したがって，アが D，イが B，ウが C である。

[正解] 2

[問] 2

ある電子式はかりに校正証明書が添付されていた。その校正証明書に記載されている不確かさを決定する過程において，算入されていなかった不確かさ要因はどれか。次の中から，正しいものを一つ選べ。

1　経年変化
2　指示の繰返し性
3　識別限界
4　応答特性
5　ヒステリシス

[題意] 不確かさ要因について校正証明書の記載について問う。

[解説] どのような計量器であっても，時間経過とともに性能や指示値の変化は避けることができない。一般にこれらの変化は経年変化として定期的な校正の時に補正が行われる。校正時の不確かさ要因としては，指示値の繰り返し性，識別限界，応答特性およびヒステリシスなど計器自体の持つ特性に起因して発生する要因に対して見積もるのである。したがって，**1** の経年変化は校正時の不確かさ要因には含まれない。

[正解] 1

[問] 3

計量器で用いられる現行の国際単位系（SI）の定義に関する次の記述の中から，誤っているものを一つ選べ。

1　1キログラム（kg）は，質量の単位であって，単位の大きさは国際キログラム原器の質量に等しい。

2　1秒（s）は，セシウム133の原子の基底状態の二つの超微細構造準位の間の遷移に対応する放射の周期の9 192 631 770倍の継続時間である。

3　1メートル（m）は，ヘリウムネオンレーザーの波長（633 nm）の157 977.83倍である。

4　1モル（mol）は，0.012 kgの炭素12の中に存在する原子の数に等しい数の要素粒子を含む系の物質量である。

5　1ケルビン（K）は，水の三重点の熱力学温度の$\dfrac{1}{273.16}$である。

[題意] SI単位についての知識について問う。

[解説] 長さの定義である1メートル（m）は，「1秒の299 792 458分の1の時間に光が真空中を伝わる行程の長さである。」であるため，**3** の記述は誤りである。

[正解] 3

[問] 4

計量器の設計や取扱いにおいて，構成部品に用いられる材料の熱膨張係数の大きさは考慮すべき重要な要素となる場合がある。20℃におけるステンレス鋼，溶融石英，フッ素樹脂の熱膨張係数の大小関係を表した次の不等式の中から，

正しいものを一つ選べ。

1　フッ素樹脂＞ステンレス鋼＞溶融石英
2　ステンレス鋼＞フッ素樹脂＞溶融石英
3　ステンレス鋼＞溶融石英＞フッ素樹脂
4　溶融石英＞フッ素樹脂＞ステンレス鋼
5　溶融石英＞ステンレス鋼＞フッ素樹脂

【題意】　各種材料の熱膨張係数についての知識を問う。

【解説】　石英は熱膨張の小さい材料としてさまざまな分野で使用されている。熱膨張係数は 0.4×10^{-6}/℃ 程度である。ステンレス鋼は 10×10^{-6}/℃ 程度である。フッ素樹脂は，$10^{-3} \sim 10^{-4}$/℃ 程度であり，ほかと比べてかなりの差がある。したがって，フッ素樹脂＞ステンレス鋼＞溶融石英となる。

【正解】　1

問 5

ゲージ圧力を表示するブルドン管圧力計を使用し，大気圧が 80.0 kPa の場所で絶対圧力 0.0 kPa の容器内の圧力を測定したとき，圧力計の指示値はいくらか。次の中から，最も近い値を一つ選べ。

1　-101.3 kPa
2　-80.0 kPa
3　0.0 kPa
4　$+80.0$ kPa
5　$+101.3$ kPa

【題意】　ゲージ圧，大気圧および絶対圧の関係を問う。

【解説】　真空をゼロとする絶対圧力に対して，ゲージ圧は大気圧をゼロとする相対的な圧力である。

すなわち，ゲージ圧＝絶対圧力−大気圧の関係がある。

よって，ゲージ圧は，$0.0 - 80.0$ kPa $= -80.0$ kPa となる。

[問] 6

次の要素を用いた圧力計のうち，変動する圧力の測定において指示の時間遅れが最も大きいものを一つ選べ。

1 電気抵抗線
2 圧電素子
3 ダイアフラム
4 液柱
5 ベローズ

[題意] 圧力検出器の特性（応答性）についての知識を問う。

[解説] 圧力検出器は，物性型と構造型に分類できる。**1**の電気抵抗線と**2**の圧電素子は，物性型の圧力検出器である。**3**のダイヤフラム，**4**の液柱および**5**のベローズは構造型である。

物性型の圧力検出器は可動部分がないため，応答性に優れている。また，ダイヤフラムは構造型であるが変形量が小さく，比較的よい応答を示す。液柱は応答が最も悪く，測定対象が油のようにぬるぬるした物質の場合，管壁を伝わるのに時間がかかり，指示の時間遅れが数十秒になることがある。ベローズ式圧力計は「ちょうちん」状のヒダを持つ圧力計である。ベローズの外側から圧力をかけると，ベローズが圧力に対して縮み，ばねにつながれたレバー（指針）に伝わる。応答は悪くない。

[正解] 4

[問] 7

本尺目盛の目量がSのノギスに，nSを$(n+1)$等分したバーニヤ目盛がついている。このノギスの最小表示量として正しいものを一つ選べ。ここで，nは自然数で，$n>2$とする。

1 $\dfrac{S}{n(n+1)}$

2　$\dfrac{S}{n+1}$

3　$\dfrac{2S}{n(n+1)}$

4　$\dfrac{2S}{n+1}$

5　$\dfrac{nS}{n+1}$

[題意] バーニヤの原理，知識を問うものであり，本尺の n 目盛を $(n+1)$ 等分したバーニヤに関する問題である。

[解説] V を副尺の目盛とすると，$(n+1)V = nS$ より，最小表示量 c は

$$c = S - V = S - \dfrac{n}{n+1}S = \dfrac{S}{n+1}$$

となる。

[正解] 2

[問] 8

長さ関連の計量器に関する次の記述の中から，正しいものを一つ選べ。

1　JIS 1 級オプチカルフラットの平面度は，ダイヤルゲージで測定する。

2　ノギスの器差の測定には，標準尺を使う。

3　干渉測長において，空気の屈折率は，赤色光に対する値の方が緑色光に対する値に比べて大きい。

4　計量法上の基準巻尺の目盛線は，目盛面の縁に達していなければならない。

5　呼び寸法 100 mm を超えるブロックゲージの寸法は，測定面を水平にした垂直姿勢におけるものである。

[題意] 長さ関連の JIS 規格の知識を問う。

[解説] 計量法では，基準器検査規則第 30 条 4 で基準巻尺の目盛線は，「目盛面の縁に達していなければならない。」とあり，**4** が正しい。

88   2. 計量器概論及び質量の計量

ほかの選択肢についても解説すると，**1** の JIS 1 級オプチカルフラットの平面度は，「JIS B 7430 オプチカルフラット　7. 平面度の測定」によれば，「基準平面を用いて光波干渉じまを測定する」とあるので誤り。

2 のノギスの器差の測定は，ブロックゲージまたは同等以上のゲージおよび限界ゲージを用いると規定されているので誤り。

3 について可視光で赤色の波長は，620〜750 nm，緑色は 495〜570 nm である。空気の屈折率は，波長が短いほど大きくなるので誤り。

5 について「JIS B 7506 ブロックゲージ　9.4 ブロックゲージの標準姿勢」では，「呼び寸法 100 mm を超えるブロックゲージの寸法は，測定面を垂直にした水平姿勢におけるものである。」とあるので誤り。「水平にした垂直姿勢」は，100 mm 以下である。

[正 解]　4

[問] 9

次の物理法則および定理の中から，落球粘度計の基本原理となるものを一つ選べ。

1　ハーゲン・ポアズイユの法則
2　ベルヌーイの定理
3　ボイルの法則
4　フックの法則
5　ストークスの法則

[題 意]　落球粘度計の基本原理について問う。

[解 説]　落球粘度計の基本原理はストークスの法則が適用される。
流体中を半径 r の球が v で動くとき，球には

$$F = 6\pi r \eta v$$

の大きさの抵抗 F が働く。ここに η は流体の粘度である。これがストークスの法則である。ハーゲン・ポアズイユの法則は，細管中を層流状態で流体が流れるときに使用する公式で，細管の両端間の寸法，差圧，流量および粘度を用いて表され，細管粘度計に応用されている。ほかは粘度測定には無関係である。

【正解】 5

---- 問 10 ----

　ある流量計は常温の気体および液体の両方に適用でき，圧力損失が小さく，可動部がないという特徴を有している。この流量計はどれか。次の中から，正しいものを一つ選べ。

　1　容積流量計
　2　電磁流量計
　3　超音波流量計
　4　差圧流量計
　5　面積流量計

【題意】　流量計の特性について問う。

【解説】　超音波流量計には

・気体・液体両方の測定ができる。
・構造が簡単で機械的可動部がない。
・圧力損失がほとんどない。
・渦電流計などに比べ大口径が容易に製作できる。

などが挙げられる。よって，この中で問題の特徴を有する流量計は，超音波流量計である。ここで，電磁流量計も圧力損失がほとんどない流量計であるが，気体の測定はできない欠点がある。

【正解】 3

---- 問 11 ----

　接触式温度計を用いて温度を測定する場合，測定対象の温度および温度分布をなるべく変えないように検出部を取り付け，検出部が測定対象と同じ温度になるようにする必要がある。検出部の選択と取付けに関する次の記述の中から，誤っているものを一つ選べ。

　1　測定対象が小さい場合には，熱容量が大きい検出部を用いる。

2 測定対象に温度勾配がある場合には，予想される等温線に沿った向きに検出部を取り付ける。

3 測定対象の温度が変化する場合には，時定数の小さい検出部を用いる。

4 測定対象と周囲に温度差があって放射熱の授受がある場合には，検出部の表面に現れる部分は測定対象と同じ放射率にする。

5 表面温度を測定する場合には，その表面に接触する検出部の長さを十分長くする。

[題 意] 接触式温度計で温度を測定するときに気を付けなければならない知識を問う。

[解 説] 熱容量が大きい温度センサなどを使用すると，熱が奪われる（冷まされる）ため測定対象が小さいときには，熱容量の小さい物を使用しなければならない。よって，**1** は誤りである。

対象物の温度は，空間的にも変化している。つまり場所によって温度の高低（温度分布）があり，傾斜（温度勾配）が存在する。これらについて予測しなければ正しい温度計測はできない（**2** は正しい）。対象物の温度の変化が速いところでは，より温度計の応答の時定数が小さいものを選ぶことが大切である（**3** は正しい）。放射温度計も測定対象の周辺の温度分布を知ることが大切である。そこで放射率は測定対象と同じにしなければならない（**4** は正しい）。表面温度の測定は，熱が奪われないように接触部分に注意し，検出部を十分長くする必要がある（**5** は正しい）。

[正 解] **1**

----- 問 12 -----

水の三重点セル相互の最も高精度な比較校正に用いられている温度計はどれか。次の中から，正しいものを一つ選べ。

1 ガラス製温度計

2 放射温度計

3 熱電対温度計

4 サーミスタ温度計

5　白金抵抗温度計

【題意】　ITS-90（1990年国際温度目盛）に関して定点と標準温度計の関係を問う。

【解説】　ITS-90とは，複数の定義定点（17定点）が定義されており，温度領域ごとにこれらの定義定点を複数個用いて連続的な温度目盛を定めている。したがって高精度な測定を望むには，ITS-90の補間公式の定数を決定した白金測温抵抗体を用いた5の白金抵抗温度計が最良の方法である。

【正解】　5

問 13

固有振動の周期が1s，制動比（減衰比）が0.7である2次遅れ形動特性の計量器がある。測定対象量が一定の周期，振幅で正弦波状に変化しているとき，この計量器の指示値に関する次の記述の中から，正しいものを一つ選べ。

1　測定対象量の変化の周期が1sより十分小さい場合，指示値の変化の位相は測定対象量の変化の位相とほぼ等しい。

2　測定対象量の変化の周期が1sより十分小さい場合，指示値の変化の周期は測定対象量の変化の周期より長くなる。

3　測定対象量の変化の周期が1sである場合，指示値の変化の位相は測定対象量の変化の位相に対して45度遅れる。

4　測定対象量の変化の周期が1sより十分大きい場合，指示値の変化の振幅は測定対象量の変化の振幅とほぼ等しい。

5　測定対象量の変化の周期が1sより十分大きい場合，指示値は必ずしも正弦波状に変化しない。

【題意】　周期的に変化する測定量を2次遅れ形応答の計量器で測定する場合に必要な基礎的知識を問う。

【解説】　周波数応答は，入力に一定振幅の正弦波状に変化する信号を加え，出力信号の振幅を測定する。信号の変化速度が遅いときは，出力の振幅は入力と同じ状態を保つ。すなわち，出力は入力の変化に正確に追従できる。この変化速度をだんだん

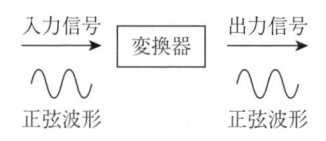

92   2. 計量器概論及び質量の計量

```
    入力信号      変換器     出力信号
   ───────→  ┌──────┐ ───────→
    ∿∿∿       └──────┘     ∿∿∿
    正弦波形              正弦波形
```

速くしていくと（交流信号の周波数を高くしていくと）出力が追従できなくなり，振幅が小さくなっていく。

この状態の特徴としては

・指示値（出力）は正弦波状に変化する。指示値の変化の周期は測定対象量（入力）の変化の周期に等しい。

・指示値の周期が 1s より十分に大きい場合，測定対象量と指示値の振幅はほぼ等しい。

・指示値の周期が 1s より十分に大きい場合，測定対象量と指示値の変化の位相差は小さい。

・指示値（出力）は測定対象量（入力）よりつねに位相が遅れる。

問題文から，**1** の位相差は等しくはならないので間違いである。また，**2** の周期が長くなるのは間違いである。

位相が 45° 遅れることはないので **3** は間違いである。**4** は上記解説文のとおりであり，**5** の「必ずしも正弦波状に変化しない」は間違いである。

〔正 解〕 **4**

──── 問 14 ────

電気信号に変換された測定対象量をアナログ・デジタル変換して表示する計量器の原理的特徴に関する次の記述の中から，正しいものを一つ選べ。

　1　表示値にドリフトの影響は含まれない。

　2　表示値は外部雑音の影響を受けない。

　3　表示値には量子化誤差が含まれる。

　4　計量器の直線性に関わる問題は存在しない。

　5　表示された数字は全て無条件に有効数字である。

2.1 第62回（平成24年3月実施）

[題意] アナログ・デジタル変換に伴う各種の要素についての知識を問う。

[解説] 物理量のアナログの値をデジタル量で表示するためにはアナログ・デジタル変換という過程が必要である。あるアナログ量を分割された一つの量で代表することを量子化するという。分割を微細にすることにより元のアナログ量に近づけることは可能であるが，分割された一つの量により小さいアナログ量の変化は情報として得ることができない。つまり，**3** の量子化誤差が含まれる。

1，2，4 に書かれていることは，問題点として取り除くことができない。**5** の表示された数字をそのまま信用することは誤りである。

[正解] 3

[問] 15

ある交流電源に 100.0 Ω の抵抗器を接続し，オシロスコープを使ってその抵抗器の両端の電圧波形を測定したら，ピーク・ピーク値で 100.0 V であった。電圧波形が理想的な正弦波で，力率が 1 のとき，この抵抗器で消費される電力の実効値はいくらか。

次の中から，最も近い値を一つ選べ。

1 100.0 W
2 70.7 W
3 50.0 W
4 25.0 W
5 12.5 W

[題意] 電力の実効値の理解を問う。

[解説] 電圧はピーク・ピーク値で 100 V なので実効電圧 V_e は

$$V_e = \frac{50}{\sqrt{2}} = 35.4$$

100 Ω の抵抗で消費される電力 P は

$$P = \frac{V_e^2}{100} = \frac{35.4 \times 35.4}{100\,\text{V}} = 12.5\,\text{V}$$

よって，正解は **5** である。ピーク・ピーク値とは，正弦波の場合，電圧または電流の最大値の2倍となることがわかっていれば解ける問題であるが，勘違いをすると **3** の 50.0 W を選んでしまうので注意したい。

正 解 5

問 16

図1は圧縮型ロードセルで，A，B，C，Dの位置に，図2の①あるいは②のいずれかによりひずみゲージを貼付け，図3のブリッジ回路を完成させる。出力感度を最大にするためのAからDのひずみゲージの貼付け方法はどれか。次の中から，正しいものを一つ選べ。

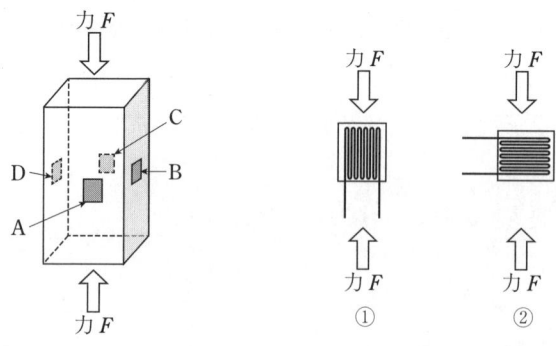

図1 圧縮型ロードセル　　図2 力Fとひずみゲージの向きの関係

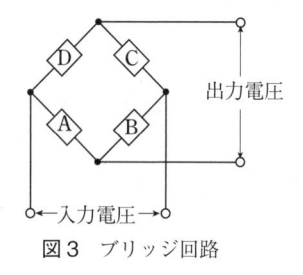

図3 ブリッジ回路

1 A，B，C，D 全てを①

2 A，B，C，D 全てを②

3　AとBを①，CとDを②
4　AとCを①，BとDを②
5　AとDを①，BとCを②

【題意】 力とひずみゲージの向きの関係，ブリッジ回路の構成の仕方などロードセルの基礎を問う。

【解説】 ひずみゲージA，Cは荷重方向に，B，Dは荷重軸に対して直角方向に貼られている。4枚のひずみゲージの抵抗値はほぼ同一に調整され，ホイートストンブリッジ回路に組み込まれている。起歪体に力Fが作用すると，起歪体が軸方向に伸びるため，ひずみゲージA，Cも同時に伸び，起歪体の横軸方向はポアソン比分だけ縮むため，ひずみゲージB，Dは縮む。このひずみに比例して，ひずみゲージの抵抗変化が生じ，ブリッジによって，抵抗変化に比例して電圧変化の値を得ることができる。

よって，A，Cは荷重軸方向の①を，B，Dは荷重軸に対して直角方向の②を貼り付ける。

【正解】 4

問 17

空気中で，等比天びんに載せた質量200.000 gの分銅と金合金とが釣り合った。この金合金の質量はいくらか。次の中から，最も近い値を一つ選べ。

ただし，分銅の体積は24.8 cm^3，金合金の体積は14.8 cm^{3}および空気の密度は0.001 2 g/cm^{3}とする。

1　200.012 g
2　200.006 g
3　200.000 g
4　199.994 g
5　199.988 g

【題意】 浮力の補正に関する知識を問う。似たような問題がよく出題される。

【解説】 質量が200.000 gの分銅と金合金が釣り合っているが，それぞれに浮力が

働いている。浮力は，それぞれの体積に空気の密度を乗じたものである。

ここで分銅の質量を M_A：200.000 g，体積を V_A：24.8 m^3，金合金の測定値を M_B，体積を V_B：14.8 m^3 および空気の密度：0.001 2 g/m^3 とすると

$$M_A - V_A \times \rho = M_B - V_B \times \rho$$
$$M_B = M_A - \rho(V_A - V_B)$$
$$= 200.000 - 0.001\,2 \times (24.8 - 14.8)$$
$$= 199.988 \,[g]$$

〔正 解〕 5

---- 〔問〕 18 ----

目量が 0.01 kg，ひょう量が 20 kg の電子式はかりを製作し，重力加速度の大きさが 9.800 m/s^2 の場所で 20 kg 分銅を載せて 20.00 kg を表示するよう調整した。このはかりを他の場所に移動し，同じ 20 kg 分銅を載せると 19.90 kg を表示した。移動した場所の重力加速度はいくらか。次の中から，最も近い値を一つ選べ。

ただし，重力加速度以外の測定条件は，調整した場所と移動した場所とで同一とする。

1 9.751 m/s^2
2 9.795 m/s^2
3 9.800 m/s^2
4 9.805 m/s^2
5 9.849 m/s^2

〔題 意〕 重力加速度の理解度を問う。

〔解 説〕 分銅を別の場所に移動させると重力加速度の影響を受け，分銅の重さは変化する。分銅の重さを W_1，その地の重力加速度の大きさを g_1，移動した場所での分銅の重さを W_2 とし，求めたい重力加速度の大きさを g_2 をすると

$$\frac{W_1}{g_1} = \frac{W_2}{g_2}$$

の関係式より

$$g_2 = \frac{W_2}{W_1} \times g_1 = \frac{19.90}{20.00} \times 9.8 = 9.751 \, [\mathrm{m/s^2}]$$

[正解] 1

---- [問] 19 ----

「JIS B 7609 分銅」では，電子式はかりを用いて参照分銅 A と被校正分銅 B を比較校正するときの一つの方法として，「測定手順 ABA」を規定している。これは，A-B-A を一連の手順として交互に等しい時間間隔で電子式はかりの計量皿に分銅を加除し，表示値 a_1，b_1 および a_2 を得る。これらの結果から，表示値の差を $\{b_1 - (a_1 + a_2)/2\}$ 式より計算する。この「測定手順 ABA」により原理的に補償される影響はどれか。次の中から，正しいものを一つ選べ。

 1 分銅に作用する重力加速度
 2 分銅に作用する空気浮力
 3 はかりに作用する偏置荷重
 4 磁化した分銅と周辺磁場との干渉
 5 はかりのゼロ点ドリフト

[題意] JIS に則った分銅の測定手順に関する知識を問う。

[解説] 「JIS B 7609 分銅」の中の「附属書 C（規定）分銅又は組分銅の校正方法」によれば，「参照分銅と試験分銅との質量差は，最低 2 回の測定結果から計算する。しかし，高度な分銅の校正では天びんの表示のドリフトの影響を補償する手順で比較し，質量差を求めることが必要である」と書かれている。よって，この設問の「測定手順 ABA」は，はかりのゼロ点ドリフトの補償を行っている。

[正解] 5

---- [問] 20 ----

計量法上の特定計量器である非自動はかりの構造検定の方法は，「JIS B 7611-2 非自動はかり - 性能要件及び試験方法 - 第 2 部：取引又は証明用」に規定され

98   2. 計量器概論及び質量の計量

ている。ここで，形式承認表示を付している非自動はかりについて「個々に定める性能の技術上の基準」に含まれていない要件はどれか。次の中から一つ選べ。

1　感じ
2　繰返し性
3　偏置荷重
4　傾斜
5　風袋引き装置の精度

〔題　意〕　JISに規定された非自動はかりの個々に定める性能の技術基準に関する知識を問う。

〔解　説〕　「JIS B 7611-2 非自動はかり‐性能要件及び試験方法‐第2部：取引または証明用　個々に定める性能の技術上の基準」の中で，個々に定める性能は，つぎの用件に適合していなければならない。

・感じ
・繰返し性
・偏置荷重
・正味量
・風袋計量装置
・半自動零点設定装置及び非自動零点設定装置の精度
・風袋引き装置の精度

以上のとおり，4の傾斜は明記されていない。

〔正　解〕　4

----〔問〕21----

図は，三つのてこの直列連結である。このときのてこ比として，正しいものを選択肢の中から一つ選べ。

ただし，図に使用している記号は下記のとおりとする。

A_1, A_2, A_3：作用点

B_1, B_2, B_3：力点
F_1, F_2, F_3：支点
W, P：荷重
a_1, a_2, a_3：支点から作用点までの距離
b_1, b_2, b_3：支点から力点までの距離

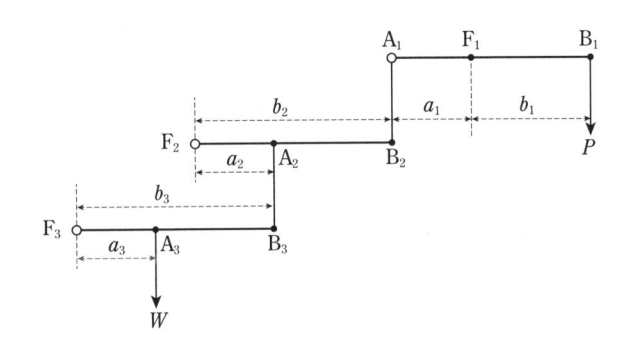

1　$\dfrac{a_2 a_3}{a_1} \times \dfrac{b_2 b_3}{b_1}$

2　$\dfrac{b_1}{a_1} \times \dfrac{b_2}{a_2} \times \dfrac{b_3}{a_3}$

3　$\dfrac{a_1}{a_2 a_3} \times \dfrac{b_1}{b_2 b_3}$

4　$\dfrac{a_1}{b_1} \times \dfrac{b_2}{a_2} \times \dfrac{b_3}{a_3}$

5　$\dfrac{a_2 a_3}{a_1} \times \dfrac{b_1}{b_2 b_3}$

───────────────────────────────

〔題 意〕 台はかりの基礎を問うもので，てこ比の理解が必要である。

〔解 説〕 直列連結は，異名の点同士を接続する。逆に並列連結は，同名の点どうしを接続する。
　ここでは直列連結である。支点Fと重点Aとの距離 a，支点Fと力点Bとの距離を b とするとてこ比は b/a で表される。三つのてこの直列連結であるので，てこ比は

$\frac{b_1}{a_1} \times \frac{b_2}{a_2} \times \frac{b_3}{a_3}$ となる。

てこ比というものがわかっていれば解ける問題であるが，いろいろ接続されていると難しく考えてしまうので注意が必要である。

〔正 解〕 2

----- 〔問〕 22 ---

計量法上の特定計量器であって，精度等級が3級，ひょう量が3 000 g，目量が1 gの非自動はかりの定期検査を行った。

2 kg分銅を載せ台に負荷したとき，1 999 gを表示した。次に，この表示1 999 gが2 000 gに変化するまで，100 mg分銅を一つずつ追加した。このときの載せ台上の分銅の質量の合計は2 000.5 gであった。

2 kg分銅を載せ台に負荷したときの非自動はかりの器差および使用公差はいくらか。次の中から，正しいものを一つ選べ。

ただし，分銅の器差はゼロとし，はかりの表示はデジタル方式とする。

1　器差は -1.0 g，使用公差は ± 1.0 gである。
2　器差は -1.0 g，使用公差は ± 2.0 gである。
3　器差は -0.5 g，使用公差は ± 1.0 gである。
4　器差は -1.5 g，使用公差は ± 2.0 gである。
5　器差は -1.5 g，使用公差は ± 1.0 gである。

〔題 意〕 精度等級が3級，ひょう量が3 000 g，目量が1 gの非自動はかりについて，使用公差と器差を問う。

〔解 説〕 いままでは検定または使用公差と器差の問題がおのおの出されていたが，今回は二つが合わさった問題である。

最初に器差を求めると，器差の算出は，つぎの式を用いて行う。

　　器差 $= I + 0.5e - \Delta L - L$

　　I：試験荷重を負荷したときの非自動はかりの指示値
　　e：目量

L：試験荷重

ΔL：試験荷重を負荷し，表示が安定した後，目量の1/10の質量を順に負荷していき，表示が1目量分変化するまで荷重した合計の質量

なお，この器差の式における $I+0.5e$ は表示の切り替わり目を表している。

問題文より，$I=1999\,\mathrm{g}$，$e=1\,\mathrm{g}$，$L=2000\,\mathrm{g}$，$\Delta L=0.5\,\mathrm{g}$ であるので

$$\begin{aligned}
\text{器差} &= I + 0.5e - \Delta L - L \\
&= 1999 + 0.5 - 0.5 - 2000\,\mathrm{g} \\
&= -1.0\,\mathrm{g}
\end{aligned}$$

つぎに使用公差を求めると，3級の検定公差は

$0 \sim 500\,e$ までが $\pm 0.5\,e$

$501\,e \sim 2000\,e$ までが $\pm 1.0\,e$

$2001\,e \sim 10000\,e$ までが $\pm 1.5\,e$

であるので，2 kg の検定公差は $\pm 1.0\,\mathrm{g}$ となる。使用公差は検定公差の2倍であるので，$\pm 2.0\,\mathrm{g}$ である。

したがって，器差は $-1.0\,\mathrm{g}$，使用公差は $\pm 2\,\mathrm{g}$ であるため，正解は **2** となる。

[正解] 2

[問] 23

計量法上の特級基準分銅について，その「構造に係る技術上の基準」に関する次の記述の中から，正しいものを一つ選べ。

1　質量を調整するための金属を詰める穴を有してはならない。

2　表す標識は，M1である。

3　材質は，真ちゅう，ニッケル，洋銀である。

4　形状は，角とう形である。

5　表す標識は，収納する容器に表記されていなければならない。

[題意]　特級基準分銅の質量調整，質量表記などに関する問題である。

[解説]　特級基準分銅の表す標識はF1であり（**2** は誤り），形状は円筒形で（**4** は誤り），材質はステンレス鋼でなければならない（**3** は誤り）。

また基準分銅の質量は，調整されているものでなければならないので，金属を詰める穴があってもよい（**1**は誤り）。

[正解] 5

[問] 24

計量法上の特定計量器である自動車等給油メーターの器差検定を行う。このときの検定流量はどれか。次の中から，正しいものを一つ選べ。

ただし，検定する自動車等給油メーターの使用最小流量は 10 L/min，使用最大流量は 120 L/min とする。また，この自動車等給油メーターは，使用最小流量から使用最大流量までの流量調整ができるものとする。

1　10 L/min，40 L/min および 60 L/min の 3 流量
2　10 L/min および 60 L/min の 2 流量
3　10 L/min および 80 L/min の 2 流量
4　10 L/min の 1 流量
5　120 L/min の 1 流量

[題意] 器差検定の基礎を問う。

[解説] 自動車等給油メーターの器差検定の方法は，検定検査規則第 392 条で使用最小流量および大流量（使用最大流量の 6/10 以上の任意の 1 の流量）の 2 の流量でそれぞれ 1 回行う。検定公差の値は検定検査規則第 384 条で 0.5%（30 ml 未満のものは 30 ml）と定められている。

したがって，検定流量の一つは使用最小流量である 10 L/min となる。もう一つは使用最大流量が 120 L/min なので，それの 6/10 以上の値は 72 L/min 以上であればよい。ここで，この仕様を満たすのは，**3** の 80 L/min の流量のみである。

[正解] 3

[問] 25

計量法上の特定計量器である自動車等給油メーターの検定を比較法で行った。このときの自動車等給油メーターの表示は 49.90 L，液体メーター用基準タンク

の読みは 50.15 L であった。この結果から計算される自動車等給油メーターの器差はいくらか。次の中から，正しいものを一つ選べ。

ただし，液体メーター用基準タンクの器差は ＋0.15 L とする。

1 　－0.8 ％
2 　＋0.5 ％
3 　－0.2 ％
4 　－0.25 L
5 　＋0.4 L

──────────────────────────────────

【題意】　自動車等給油メーターの基礎知識を問う。

【解説】　計量器の器差の算出は，計量値から真実の値を減じた値またはその真実の値に対する割合をいうと定められている。

基準タンクの表示を 50.15 L，このときの検査器物の表示 49.90 L，基準タンクの器差の補正 ＋0.15 L を代入すると

$$器差 = \frac{49.90 - (50.15 - 0.15)}{50.00} \times 100 = -0.2\%$$

となる。

【正解】　3

2.2 第63回（平成25年3月実施）

---- 問 1 ----

次の計量に関する用語とその説明の組合せの中から，誤っているものを一つ選べ。

	用語	説明
1	測定された量の値	測定結果を代表する量の値
2	系統誤差	複数回の測定において，予測が不可能な変化をする測定誤差の成分
3	計量トレーサビリティ	個々の校正が測定不確かさに寄与する，文書化された切れ目のない校正の連鎖を通して，測定結果を計量標準に関連付けることができる測定結果の性質
4	定格動作条件	測定器又は測定システムが設計どおりに機能するために，測定中に満たさなければならない動作条件
5	最大許容誤差	既知の参照値に関して，任意の測定，測定器又は測定システムの仕様又は規則で許されている測定誤差の極限値

[題 意] 計量に関する用語の説明を問う。

[解 説] 誤差には，間違い，系統誤差および偶然誤差に大別される。

系統誤差は，その原因がわかっていて，補正によって測定値を正すことのできるような誤差である。それには，つぎのような誤差がある。

① 製造上やむを得ない不完全さによって，製作した測定器にすでに存在する誤差。

② 製造したときには正しかった測定器が月日の経過に伴って指示に変化を生じる誤差。いわゆる経年変化による誤差。

これらの誤差は，さらに正確さの良い測定器を使用して校正を行えば取り除くことができるので，測定器は使用前や定期的に点検検査を行い，誤差を把握しておくことが大切である。

測定は間違いをなくし，系統誤差を補正しても，測定値はばらつくのが普通である。

これは原因を突き止めることができず，補正のしようがない。このよう誤差を偶然誤差という。この誤差は取り除くことができない。測定環境，温度・気圧などに影響されるので，影響を要因として考慮する必要がある。

したがって，「何回かの測定において，予測が不可能な変化をする測定誤差の成分」は偶然誤差である（**2** は誤り）。系統誤差は，かたよりであるため補正して使用する。

4 の「定格動作条件」とは TS Z 0032：2012 国際計量計測用語—基本及び一般概念並びに関連用語（VIM）に定義されている。そこでは，「計器の指定された計量特性が，与えられた限界内におさまるような使用条件」とある。第 62 回（平成 24 年）の問 1 にも出てきたので VIM の基本的な用語はおさえておく必要がある。

[正解] 2

[問] 2

測定の不確かさに関する次の記述の中から，誤っているものを一つ選べ。

1　不確かさの考え方は，「真の値」とそれを基準とした「誤差」という二つの概念に基づいている。
2　不確かさは，「用いる情報に基づいて，測定対象量に帰属する量の値のばらつきを特徴付ける負ではないパラメータ」を意味する。
3　お互いに独立した複数の不確かさ要因に依存する測定結果の相対合成不確かさは，それぞれの要因の相対不確かさの二乗和の平方根として表される。
4　不確かさの評価には，測定結果の統計的分析に基づくタイプ A と，それ以外の方法に基づくタイプ B がある。
5　不確かさの考え方は，測定値の分布が正規分布で近似できるという前提に基づいている。

[題意] 測定の不確かさについて考え方を問う。

[解説] 測定値には必ず誤差が含まれる。従来はその誤差を測定値と真値の差であるとした。しかし，真の値は厳密に求めることは簡単でなく不明であることが多い。そこで，1993 年 ISO（国際標準機構）不確かさの表現ガイド（GUM）が発行され，不

確かさの概念が取り決められた。その中では標準偏差の考え方が採用されており，真の値の概念は「真の」という語が冗長と考えられるためガイドの中での使用は避けられた。このような理由から1が誤りである。

標準不確かさの方法をつぎの2種類に分類している。

Aタイプ：統計的方法によって見積もる不確かさの成分
Bタイプ：統計的方法以外の方法によって見積もる不確かさの成分

ここで合成標準不確かさの求め方としては，各成分の標準不確かさを合計した総合的な不確かさを求めるには，i番目の成分の標準不確かさをu_iとして，つぎのように合成する。

$$u_c = \sqrt{(u_1^2 + u_2^2 + \cdots u_i^2)}$$

このように統合された値u_cを合成標準不確かさという。

拡張不確かさは，$U = ku_c$（kは包含係数）で表される。

拡張不確かさの定義は"測定の結果について，合理的に測定量に結びつけられ得る値の分布の大部分を含むと期待される区間を定める量"とある。簡単にいえば，この拡張不確かさ $\pm U$の範囲内に測定値の含まれる確率（信頼の水準）が何％の確率で存在するかということである。

[正解] 1

----- [問] 3 -----

特性が線形で指示範囲に零の値を含まない計量器において，最小指示をA，最大指示をBとし，それらに対応する測定対象量の値をそれぞれQ_A及びQ_Bとする。この計量器の感度を表す式はどれか。次の中から，正しいものを一つ選べ。

1 B/Q_B
2 A/Q_A
3 $(B-A)/Q_B$
4 $(B-A)/Q_A$
5 $(B-A)/(Q_B-Q_A)$

[題意] 感度に関して内容を問う。

[解説] 感度（感度係数）は測定対象の単位変化量に対してその計測器の指示値がどれほどのものかを示すものである。感度は指示値の変化量を測定量の変化量で除したものである。

ここで，指示値の変化量はB－Aとなり，それらに対応する測定対象量の変化量は$Q_B - Q_A$となるから感度は次式で与えられる。

$$感度 = \frac{(B-A)}{(Q_B - Q_A)}$$

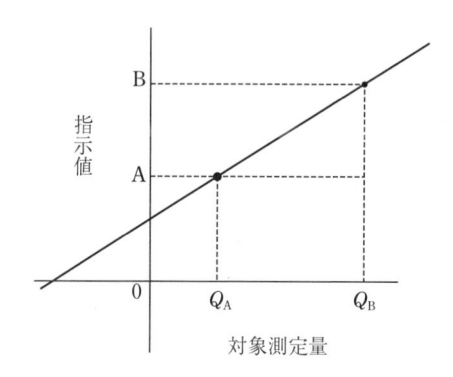

[正解] 5

問 4

角度の測定に使用される機器に関する次の記述の中から，誤っているものを一つ選べ。

1 水準器は，水平又は鉛直の設定に使用される。
2 オートコリメータは，微小角度の測定に使用される。
3 サインバーは，角度の設定に使用される。
4 ポリゴン鏡は，角度変動の測定に使用される。
5 直角定規は，直角の基準として使用される。

[題意] 角度の測定に使用される機器について概要を問う。

2. 計量器概論及び質量の計量

[解 説] オートコリメータは角度測定器である（**2** は正しい）。

サインバーとは，図のように2個の径が等しい円筒を持つ直定規で，円筒の中心間隔は一定の寸法 L で作られている。定盤の上に高さが違うブロックゲージを置き，その上にサインバーを載せると

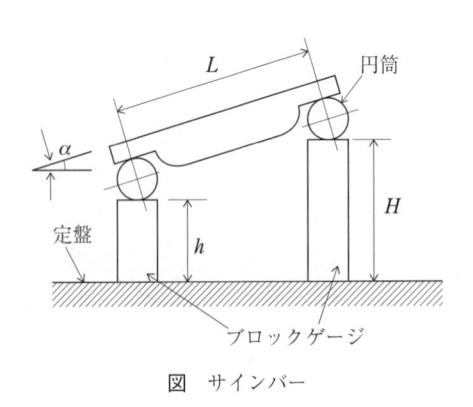

図　サインバー

$$\sin \alpha = \frac{H-h}{L}$$

これによって角度 α を設定することができる（**3** は正しい）。

水準器，直角定規については設問のとおりである（**1，5** は正しい）。

ポリゴン鏡はオートコリメータと組み合わせて角度の割り出しなどに用いる多面鏡であり，角度の標準器として用いられるが，角度変動の測定には用いられない（**4** は誤り）。

[正 解] 4

[問] 5

湿度計に関する次の記述の中から，誤っているものを一つ選べ。

1　乾湿球湿度計の指示値は，風速の影響を受ける。

2　乾湿球湿度計は，水が氷結する0℃以下では使用できない。

3　乾湿球湿度計の乾球及び湿球の温度測定に，抵抗温度計や熱電対を使用したものがある。

4　毛髪湿度計は，毛髪が吸湿・脱湿により伸び縮みする性質を利用してい

る。
5 露点湿度計は，気体の温度及び露点を測定して湿度を求めるもので，湿度の絶対測定法の一つである。

【題意】湿度計に関する知識を問う。
【解説】乾湿球湿度計は，湿球が氷結する 0℃ 以下でも測定可能であるので **2** の文章は誤っている。

1 の乾湿球湿度計において，湿球の温度降下量は，風速が 3 m/s 以上で一定となることが実験で知られている。よって，指示値は風速の影響を受ける。**4** の毛髪湿度計は，湿度に応じて伸び縮みする毛髪の長さを機械的に拡大して相対湿度を指示または記録する計量器である。**5** の露点湿度計は，露点温度から試料の水蒸気の分圧を求めることができるから，単位体積当りの水蒸気の質量を計算できる。よって，露点湿度計は絶対湿度計の一種といえる。**3** は温度差式通風乾湿球湿度計と呼ばれるもので，熱電対や抵抗温度計で乾球部と湿球部の温度差を測定するものである。
【正解】2

問 6

長さを測定する計量器について，特徴的な要素と，それによって実現される機能に関する次の組合せの中から，正しいものを一つ選べ。

	計量器	要素	機能
1	マイクロメータ	バーニヤ	測定子の動きの拡大
2	ノギス	てこ	変位を回転角に変換
3	ノギス	バーニヤ	最小目盛以下の数値の読取り
4	マイクロメータ	てこ	測定子の動きの拡大
5	ダイヤルゲージ	歯車	最小目盛以下の数値の読取り

【題意】長さ計量器の代表的な物について要素と機能を問う。
【解説】ノギスは，英語名はバーニヤキャリパといわれる。本尺目盛とバーニヤ目盛でもって最小目盛以下の数値の読取りができる（**2** は誤り，**3** は正しい）。マイク

ロメータは，固定したねじの中をスピンドルが回り，その送り量が回転角に比例することを利用したものである（**1**，**4**は誤り）。ダイヤルゲージは，スピンドルの軸方向の動きを同軸上に配置されたラックからピニオンおよび同軸上の歯車で回転運動に変換し，さらに指針が取り付けられた指針ピニオンに拡大伝達されて円形目盛板に指示される（**5**は誤り）。

[正 解] **3**

問 7

様々な材料の特徴と，その特徴を利用した計量器について説明した次の記述の中から，誤っているものを一つ選べ。

1 ダイヤモンドは硬いため，ブリネル硬さ試験機の圧子に使用される。

2 マンガニンは温度による電気抵抗の変化が小さく，経年変化も小さいため，標準抵抗器に使用される。

3 白金は空気中では熱的に安定で，その電気抵抗にはヒステリシス現象が少ないため，抵抗温度計に使用される。

4 ゲルマニウムはエネルギーバンドギャップが比較的小さいため，高分解ガンマ線検出器に使用される。

5 ベリリウム銅は弾性限界が大きく，高強度であるため，ブルドン管気圧計に使用される。

[題 意] 計量器用材料の特性に関する基礎知識を問う。

[解 説] ブリネル硬さ試験機の圧子には焼き入れした鋼が使用される。ダイヤモンドは，ロックウエル硬度計に使用されている。したがって，**1**の記述は誤っている。

2の銅・マンガン合金であるマンガニンは，20℃付近での電気抵抗の温度係数が小さく，銅に対する熱起電力が小さいため，標準抵抗器の材料として用いられる。

3の白金は抵抗温度計の代表的な素子である。

4のゲルマニウムは，初期のトランジスタに使用されていた。エネルギーバンドギャップが比較的狭いことから光検出器に用いられる。ガンマ線の放射線検出器（半導体検出器）に使用される。

5のブルドン管の材質には，黄銅，アルミブラス，SUS 304，SUS 316，リン青銅，合金鋼等の高弾性合金が使用される。また高精度用には，ベリリウム銅，ニッケルスパンCなどが用いられる。

〔正解〕**1**

問 8

次の流量計・流速計の中で，電源の供給がなくても動作可能な計量器はどれか。次の中から，正しいものを一つ選べ。

1 超音波流量計
2 コリオリ流量計
3 電磁流量計
4 面積式流量計
5 熱線風速計

〔題意〕流量計の構造の基礎に関する問題である。

〔解説〕この中で**4**の面積式流量計だけが，電源の供給がなくても動作が可能である。

面積式流量計は差圧流量計の変形ともいえる。流管中に絞りを設け，絞りに生じた差圧を測定することにより流量を知るのが差圧流量計であるが，面積流量計は差圧がつねに一定になるように絞りの面積を変化させて，その面積の変化から流量を知るようにしたものである。流体は下から上に流れ込んで上部に抜けていくものとし，目盛のある部分の管は下部が細く，上部がテーパ管となっている。このテーパ管の中に浮子があるので，流体はテーパ管の壁面と浮子の外周縁との間にできるすきまで，絞られて流れていく。したがって，流量が変化する

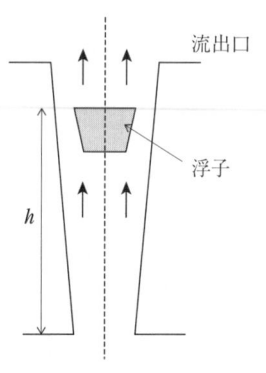

図 面積式の流量計

と，すきまの上下で圧力差が発生する。そして差圧がつねに一定になるよう浮子が上下して絞りを加減するようにし，浮子の高さから流量がわかるようになる。すなわち，

図のような h を求めることにより流量がわかるのである。このような理由から電源の供給がなくても動作可能となる。

【正解】 4

【問】9

固有の名称をもつ組立単位の説明に関する次の記述の中から，正しいものを一つ選べ。

1　パスカル (Pa) は圧力の単位であり，N·m で表される。
2　ポアズ (P) は動粘度の単位であり，$m^2·s^{-1}$ で表される。
3　ボルト (V) は電場の単位であり，W·A で表される。
4　クーロン (C) は電荷の単位であり，$m^{-2}·A$ で表される。
5　グレイ (Gy) は吸収線量の単位であり，$J·kg^{-1}$ で表される。

【題意】組立単位の説明に関する問題である。

【解説】パスカル (Pa) は，圧力の単位であり，$1\,Pa = 1\,N·m^{-2}$ である（**1** は誤り）。

粘度の SI 単位は，Pa·s であるが，従来は CGS 単位系のポアズ (P) が用いられていた。$1\,P = 0.1\,Pa·s$ である（**2** は誤り）。ボルト (V) は，電位の単位であるが，$1\,V = 1\,W·A^{-1}$ である（**3** は誤り）。

クーロン (C) は，電荷，電気量の単位であるが，$1\,C = 1\,A·s$ である（**4** は誤り）。Gy は，吸収線量の単位であり，$1\,Gy = 1\,J·kg^{-1}$ である（**5** は正しい）。

【正解】 5

【問】10

ある K 熱電対の基準接点温度を 0℃ とした場合，測温接点温度 23℃，100℃ における熱起電力を，それぞれ E_{23}, E_{100} とする。基準接点温度，測温接点温度，及びこの熱電対に生じる熱起電力に関する次の組合せの中から，正しいものを一つ選べ。

　　　　基準接点温度　測温接点温度　　　熱起電力

1	0℃	−100℃	$-E_{100}$
2	100℃	23℃	$E_{23}-E_{100}$
3	23℃	100℃	E_{100}
4	100℃	−23℃	$-E_{23}-E_{100}$
5	23℃	23℃	$2\cdot E_{23}$

【題意】 熱電対の原理に関する知識を問う。

【解説】 中間温度の法則とは，図1のように測定点1，2の熱電対と測定点2，3の熱電対の和は，測定点1，3の熱電対と同じとなることである。

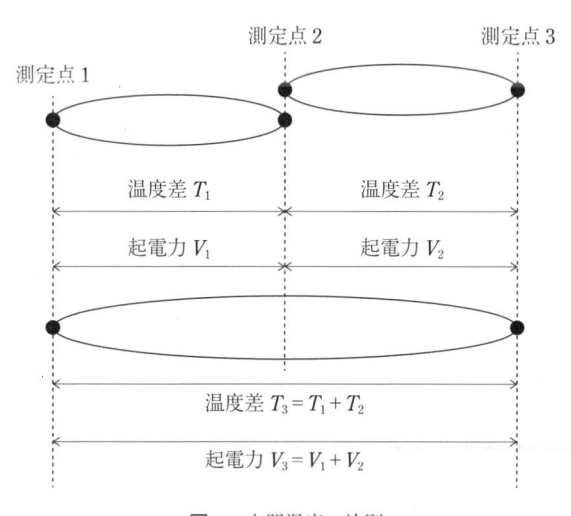

図1 中間温度の法則

測定点1　測定点2　測定点3
温度差 T_1　温度差 T_2
起電力 V_1　起電力 V_2
温度差 $T_3 = T_1 + T_2$
起電力 $V_3 = V_1 + V_2$

問題文より，熱電対の基準接点温度を0℃とする。そこで $T_1=23$℃，$T_2=0$℃，$T_3=100$℃とする。

測温接点温度23℃における熱起電力を E_{23} とし，測温接点温度100℃における熱起電力が E_{23} とする。それを図で表すと図2のようになる。

両接点の温度が T_1，T_3 ℃であるときの熱起電力は $E=E_{23}+E_{100}$ となるように思われるが，E_{100} は，T_3 で測温接点温度と基準接点温度が入れ替わっているため−（マイナス）の値をとる。得られた熱起電力は，$E=E_{23}-E_{100}$ となり，T_3 で基準接点温度と

測温接点温度が入れ替わった状態となる。

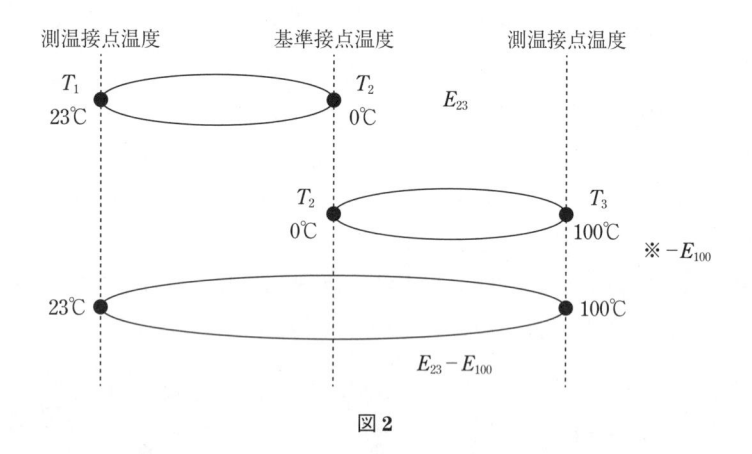

```
測温接点温度        基準接点温度        測温接点温度
   T₁                T₂
   23℃               0℃              E₂₃

                     T₂                T₃
                     0℃               100℃
                                              ※ −E₁₀₀

   23℃                                100℃
                          E₂₃ − E₁₀₀
```

図2

したがって，組合せが正しいものは基準接点温度100℃，測温接点温度23℃および熱起電力 $E_{23}-E_{100}$ となる。

〔正解〕 2

問 11

図にブリッジ回路による3線式抵抗温度センサの測定回路を示す。ブリッジの抵抗 R_1, R_2, R_x について $R_1=R_2$ とし，抵抗 R_x を変化させてブリッジを平衡させ，その時の R_x から測温体の抵抗 R_t を求める。ブリッジから測温体までの導線抵抗を図のようにそれぞれ r_1, r_2, r_3 とするとき，ブリッジの平衡状態において $R_t=R_x$ が常に成り立つための条件はどれか。次の中から，正しいものを一つ選べ。

1　$r_2=0$
2　$r_3=0$
3　$r_1=r_2$
4　$r_2=r_3$
5　$r_1=r_3$

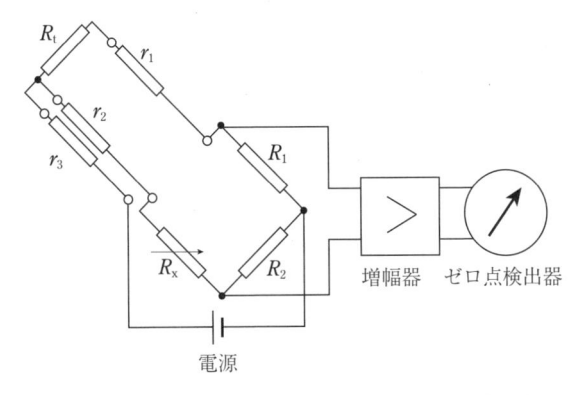

図 ブリッジ回路を用いた抵抗温度センサの測定回路

[題意] 一般的な抵抗ブリッジの平衡条件の基礎を問う。

[解説] 問題文より R_1 と R_2 は等しい。R_x を加減して検出器に電流が流れないようにすると

$$\frac{R_t + r_1}{R_x + r_2} = \frac{R_1}{R_2}$$

となるから $R_1(R_x + r_2) = R_2(R_t + r_1)$ である。

抵抗 R_x を変化させてブリッジを平衡させ，その時の R_x から測温抵抗体の R_t を求める。

$R_x = R_t$ がつねに成り立つようにするには，条件としては $r_1 = r_2$ でなければならない。

[正解] 3

[問] 12

時定数が 1 s の一次遅れ形計量器に，正弦波状の入力を与えた場合の出力に関する次の記述の中から，誤っているものを一つ選べ。

1 入力の角周波数が 1 rad/s の場合，出力の振幅は 6 dB 低下する。

2 入力の角周波数が 1 rad/s の場合，出力の位相は 45° 遅れる。

3 入力の角周波数が 0.1 rad/s の場合，出力の位相は 5° 程度遅れる。

4 入力の角周波数が 10 rad/s の場合，出力の振幅は 20 dB 程度低下する．

5 入力の角周波数が 100 rad/s の場合，出力の位相は 90°近く遅れる．

〔題意〕 一次遅れ形計量器に正弦波の入力を与えた場合の出力に関する問題である．

〔解説〕 周波数応答は，系への入力（x）として振幅（A_0）とすると，一定の正弦波

$$x = A_0 \sin \omega t$$

を加えたときの応答をいう．

ここに ω は角周波数，t は時間である．

系が線形の場合は定常状態において出力は入力と同じ周波数の正弦波

$$y = A_1 \sin(\omega t - \phi)$$

で表されるが，振幅（A_1）が異なり，位相は ϕ だけ遅れる．A_1/A_0 を振幅比（ゲイン）という．入出力の振幅比と位相差は入出力の周波数によって決まる．

これを一次遅れ形周波数応答についてそれぞれボード線図を図に示した．

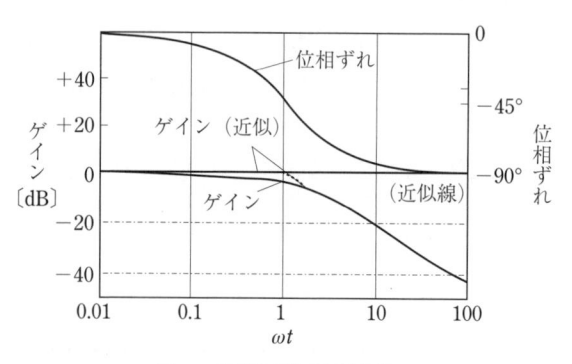

図 一次遅れ形周波数応答

一次遅れ形周波数応答の特性を見てみると，周波数が高くなるに従ってゲイン（利得）が低下する．時定数を τ とすると，$\omega = 1/\tau$ のとき，ゲインは -3 dB，位相遅れは 45°となる．

したがって，**1** の記述で出力の振幅が -6 dB 低下することはなく -3 dB の間違いであるので **1** が誤った記述である．**2** は前述のとおりである．**3** は $\omega = 0.1/\tau$ のとき，

出力の位相遅れは5°程度である。**4**は$\omega = 10/\tau$のとき，出力の振幅は-20 dB程度低下する。**5**は$\omega = 100/\tau$のとき，出力の位相は90°近く遅れていることが図で判断できる。

【正解】 1

問 13

剛体で作られた容積不明の容器Xの容積測定を行う。まず剛体で作られた容積$2\,000$ cm^{3}の容器Aを閉じられた弁を介して容器Xと接続し，容器Aには圧力400 kPaの空気，容器Xには圧力150 kPaの空気を充填した。次に弁をゆっくり開いて両容器を通じたところ圧力は350 kPaとなった。容器Xの容積はいくらか。次の中から，最も近い値を一つ選べ。

ただし，温度変化は非常に小さいとする。また，容器の容積は弁で閉じた部分の容積とする。

1 $8\,000$ cm^3
2 $4\,000$ cm^3
3 $2\,000$ cm^3
4 $1\,000$ cm^3
5 500 cm^3

【題意】 容器の体積を測定する一手法である圧力法に関するもので，気体の体積と圧力の関係（ボイルの法則）に対する理解を問う。

【解説】 理想気体においては物理量と温度変化が変化しなければ圧力と体積の積は一定である（ボイルの法則）。容器Aと容器Xに入っている気体は同一で温度も同じであるから，バルブを開ける前と後の圧力と体積の総和は変わらないはずである。

そこで，$(400\text{ kPa}) \times V_A + (150\text{ kPa}) \times V_x = (350\text{ kPa}) \times (V_A + V_x)$ が成り立つ。ここで，V_Aは剛体で作られた容器Aの内容量で$2\,000$ cm^3，V_xは求めたい容器Xの内容積である。

上式を計算すると$200 V_x = 100\,000$であるから，$V_x = 500$ cm^{3}となる。

【正解】 5

問 14

渦流量計の動作原理に直接関係する渦の状態の量はどれか。次の中から，正しいものを一つ選べ。

1　渦の直径
2　渦の回転速度
3　渦の発生周波数
4　渦の移動速度
5　渦が消えるまでの時間

題意　渦流量計の動作原理に関する渦の状態量を問うものであり，渦流量計の関係式の理解が求められる。

解説　流れの中に円柱や角柱を置くと，物体の後方に規則的な渦が形成される。その渦発生の周波数は一定の法則に従うため，渦周波数から流量が測定できる。

この渦列をカルマン渦という。ここで，流速 v，渦発生数 f，ストローハル数（無次元量）S および円柱の直径 D とすると

$$S = f\frac{D}{v}$$

となる。

したがって，動作原理に直接関係することは，3 の渦の発生周波数である。

渦流量計はほかの流量計に比べ，流量範囲が広いことや流体の温度，圧力，組成などに影響を受けないことが特徴である。

正解　3

問 15

パルスを計数する計量器ではデジタルカウンタが用いられることがある。パルス信号を図1のTに入力したとき出力Qの状態がタイミングチャートのように変化する回路がある。この回路を用いて図2のような4ビットカウンタを構成した。この4ビットカウンタにパルス信号を入力し全て0の状態から動作させたとき，10個目のパルス信号がカウントされた直後のA，B，C，Dの状態と

して正しい組合せはどれか。選択肢の中から一つ選べ。

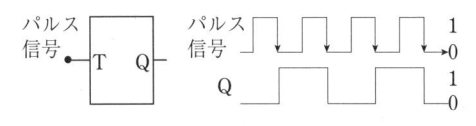

図1 回路とタイミングチャート

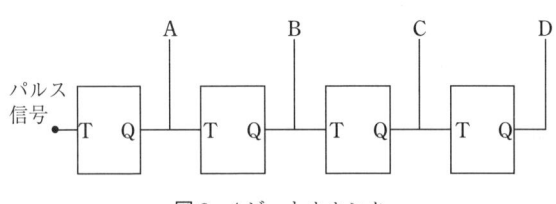

図2 4ビットカウンタ

	A	B	C	D
1	1	1	1	0
2	0	1	1	0
3	0	0	1	0
4	0	1	0	1
5	0	1	1	1

[題 意] パルスを計数する計量器において使用されるデジタルカウンタについての知識を問う。

[解 説] カウンタと呼ばれる基礎的なデジタル回路である。特徴としては，検出したパルスの数を計測し検出された対象の数を2進の数値に変換するものである。

4ビットカウンタを構成し，この4ビットカウンタにパルス信号を入力し，すべて0の状態から動作したとき，10個目のパルス信号がカウントされた直後のA，B，C，Dの状態（タイミングチャート）としてはつぎの図のようになる。ここで図の一番右側の点線で囲まれた部分に注目して，パルス信号10個目の立ち下がりのところを見てみるとA，B，C，Dの状態としては0，1，0，1となっていることがわかる。

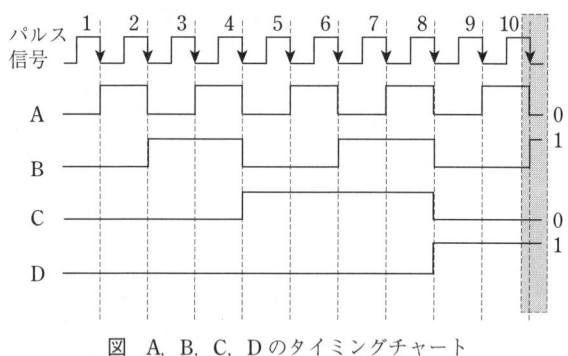

図　A, B, C, Dのタイミングチャート

このようにパルスを加えると周期が2倍，4倍，8倍，…になる。ある時点でD，C，B，Aの出力Qを読むと入力パルスの数が2進の数で表される。10個目のパルス信号なので2進数では1010となる。4ビットカウンタを使用すると$2^4 (=16)$まで数えることができるが，9（2進1001）まできたときにリセットすると10進の計数回路となる。

[正解]　4

---- [問] 16 ----

図は，はかりに使われているロードセルの概略図である。図の弾性体に4枚のひずみゲージ（A, B, C, D）をひずみが正しく検知できる方向に接着した。これら4枚のひずみゲージを用い，荷重を負荷した際に生じるひずみ量を高感度に検出するためのブリッジ回路を作るには，どのように結線すればよいか。次の中から，正しいものを一つ選べ。

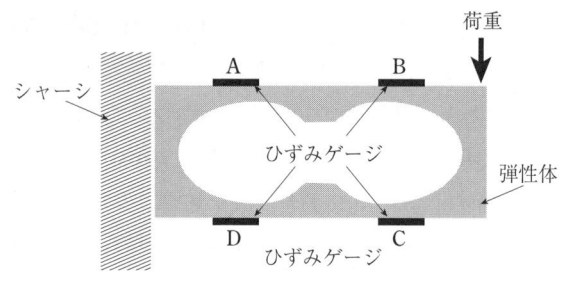

図　ロードセルの概略図

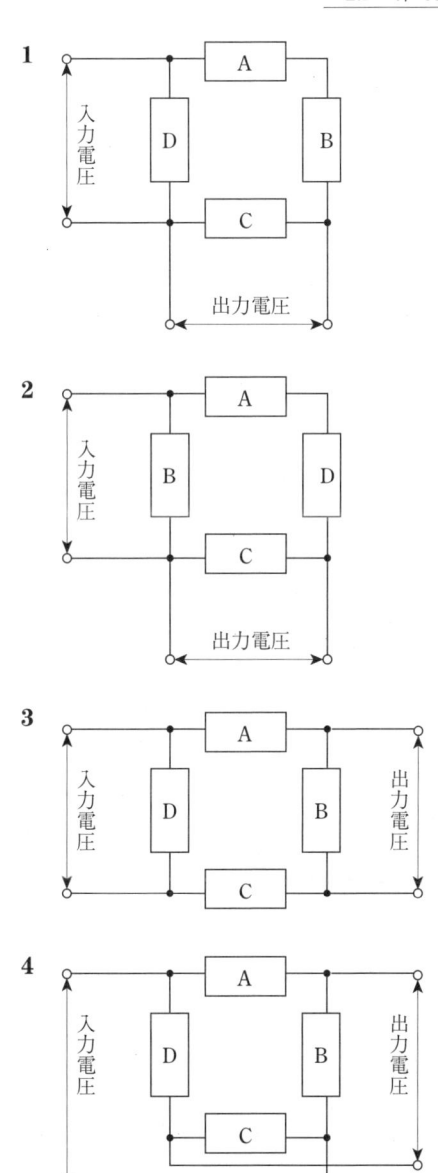

2.2 第63回（平成25年3月実施）　121

1

入力電圧 — D, A, B, C — 出力電圧（A上、D左、B右、C下、出力電圧は下側端子間）

2

入力電圧 — B, A, D, C — 出力電圧（A上、B左、D右、C下、出力電圧は下側端子間）

3

入力電圧 — D, A, B, C — 出力電圧（A上、D左、B右、C下、出力電圧は右側端子間）

4

入力電圧 — D, A, B, C — 出力電圧（A上、D左、B右、C中央下、出力電圧は右側端子間）

5

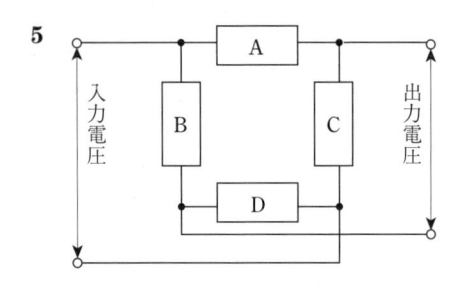

```
     ┌──[ A ]──┐
     │         │
入   [B]     [C]   出
力   │         │   力
電    │         │   電
圧   │         │   圧
     └──[ D ]──┘
```

[題意] ひずみゲージを利用したロードセルの検出方法に関する知識を問う。

[解説] ロードセルとして用いるひずみ検出回路は，大きな出力を得る。温度補償をさせる理由から，一般的に4アクティブゲージ法が使われる。

弾性体に接着されたひずみゲージは，ホイートストンブリッジを組むが，このとき一つの対辺に圧縮ひずみを検出するひずみゲージを，ほかの対辺に引張ひずみを検出するひずみゲージをそれぞれ挿入しなければならない。問いの中で荷重が作用したとき，平行ビーム弾性体に接着されたひずみゲージのうちB, Dは圧縮ひずみをA, Cは引張ひずみを検出するひずみゲージである。

このように対辺にAC, BDのひずみゲージが張られている図は，**3, 4**であるが入力電圧と出力電圧の結線が正しいのは**4**である。

[正解] 4

問 17

はかりの名称をAからCに示し，はかりの測定原理の説明をアからカに示す。はかりの名称と説明の正しい組合せを選択肢の中から一つ選べ。

A 電磁力平衡式はかり
B 電気抵抗線式はかり
C 音さ振動式はかり

ア 弾性体の透磁率の変化を利用
イ 弾性体に貼り付けたひずみゲージを利用
ウ フレミングの左手の法則を利用
エ 電極間の静電容量の変化を利用

オ　振動子の固有振動数の変化を利用
カ　回転するこまの歳差運動を利用

	A	B	C
1	エ	ウ	ア
2	イ	ア	カ
3	ウ	ア	オ
4	オ	イ	カ
5	ウ	イ	オ

【題意】　三つのはかりの基本的原理を問うものである。

【解説】　電子式はかりは，電磁力平衡式はかり，電気抵抗線式はかり，音さ振動式はかりが一般的である。

電磁力平衡式はかりの特徴は，永久磁石を使用し，電磁気力で平衡させる機構である。特徴は磁石とフォースコイルの組合せである。コイルに電流を流すとフレミングの左手の法則により電磁力が発生する。

電気抵抗線式はかりは，力の作用による弾性体の変形量もしくは変位量をひずみゲージの電気抵抗の変化に変換するもので，弾性体の歪みがわずかでも応答が速く，動的計量に適している。

音さ振動式はかりは，音さに加わる張力の変化が，音さの固有振動数の変化として変換される原理を利用して質量を計測するはかりである。

したがって，Aは「ウ：フレミングの左手の法則を利用」，Bは「イ：弾性体に貼り付けたひずみゲージを利用」，Cは「オ：振動子の固有振動数の変化を利用」である。

【正解】　5

問 18

「JIS B 7609 分銅」の規定内容について，次の中から，誤っているものを一つ選べ。

1　協定質量の最大許容誤差を精度等級ごとに定めている。
2　校正前の分銅の質量調整について，これが必須であると定めている。

3 500 mg 以下の分銅は，公称値の表記を認めていない。

4 500 mg 以下の分銅の形状は，計量法上の基準分銅の形状と一部差異がある。

5 分銅材料の密度の許容範囲を精度等級ごとに定めている。

【題意】 JIS B 7609：2008 に規定された内容を問うものである。

【解説】 JIS B 7609：2008 によると「6　最大許容誤差」のところに精度等級が掲載されているので **1** は正しい。「14　表記 14.1.2」に E 級分銅を除いて 1 g 以上の分銅には，公称値を明確に表示するための表記を付さなければならないとある。したがって，**3** の 500 mg 以下の分銅は，公称値の表記を認めていないは正しい。500 mg 以下の分銅の形状は「7　形状」にて定められており，同項表 3 に記載されている。

したがって，**4** の計量法上の基準分銅の形状と一部差異があるは正しい。つぎの**表 1** を参照されたい。

表 1　JIS B 7609 で規定されている分銅の形状

公称値	形状	線状
5 mg, 50 mg, 500 mg	五角形	五角形又は五線分
2 mg, 20 mg, 200 mg	四角形	四角形又は二線分
1 mg, 10 mg, 100 mg, 1 g	三角形	三角形又は一線分

しかし，計量法上では基準分銅の線状分銅，板状分銅の形状はつぎの**表 2** のとおりである。

表 2　計量法で規定されている線状分銅，板状分銅の形状

線状分銅		板状分銅	
形状	表す質量	形状	表す質量
三角形	1 mg, 10 mg, 100 mg, 1 g	三角形	2 mg
四角形	2 mg, 20 mg, 200 mg	四角形	1 mg
五角形	5 mg, 50 mg, 500 mg	五角形	5 mg
		六角形	5 mg

5 の分銅の密度の許容範囲は「11　密度」の表 6 で定められている。

したがって，ここでの解答は **2** であり，質量調整が必須であるとは明記されていない。

[正 解] 2

---- [問] 19 ----

計量法に規定されている特定計量器である非自動はかりのうち，使用場所で器差検定を行わなければならないものはどれか．次の中から，正しいものを一つ選べ．

1 重力加速度の範囲が表記されていない目量の数6 000以下の精度等級3級のばね式指示はかり及び電気式はかり

2 精度等級4級の電気式はかり

3 内蔵分銅による自己補正機構付き電気式はかり

4 精度等級3級の台手動はかり

5 重力加速度の範囲が表記された目量の数2 000以下の精度等級2級のばね式指示はかり及び電気式はかり

[題 意] JIS B 7611-2に規定された非自動はかりの使用場所での器差検定を行う事項について知識を問うものである．

[解 説] 「JIS B 7611-2 非自動はかり - 性能要件及び試験方法 - 第2部：取引又は証明用」によると「重力加速度　はかりは，見やすい箇所に次の表記を行う．ただし，内蔵分銅によるスパン調整装置又は重力変化の影響を補正する装置をもつはかりの場合は，いずれの表記も不要とする．

- 目盛の数が2 000以下の精度等級2級及び目量の数が6 000以下の精度等級3級のはかりは，そのはかりを使用する場所の重力加速度の範囲．ただし，はかりを使用する場所で検定を実施する場合は，重力加速度の範囲は不要とする．

- 精度等級1級，目量の数が2 000を超える精度等級2級及び目量の数が6 000を超える精度等級3級のはかりは，そのはかりを使用する場所を表記する．

注記1） ばね式指示はかりを除く手動指示はかりは重力加速度の影響を受けないため，及び精度等級4級のはかりは重力加速度が質量値に影響しない程度であるため，重力加速度の表記は必要ない．」

とある．

したがって，**2** の精度等級 4 級の電気抵抗線式はかりは重力加速度の表記は必要ない。また，**3** の内蔵分銅による自己補正機構付き電気式はかりも必要ない。**4** の台手動はかりは，精度が 1/2 000 くらいなので重力加速度の表記は不要である。**5** の目量の数 2 000 以下の精度等級 2 級のはかりなども関係がないといえる。

[正 解] 1

[問] 20

分銅の校正結果として一般的な「協定質量」に関する下記の記述について，二つの空欄を埋める数値を A から F に示す。数値の正しい組合せを選択肢の中から一つ選べ。

「国際法定計量機関による国際文書 OIML D28（空気中の計量結果の協定値）に従って定められた空気中での質量測定結果についての取決めによる値，すなわち，20℃の温度で (ア) kg/m³ の密度の空気中において被校正分銅と釣合う密度が (イ) kg/m³ の参照分銅の質量。」

- A　0.001 1
- B　0.001 2
- C　1.2
- D　7.9
- E　8.0
- F　8 000

	ア	イ
1	A	F
2	B	D
3	B	E
4	C	E
5	C	F

[題 意]　分銅の規格に載っている一般的な「協定質量」に関して項目を問う。

〔解説〕 JIS B 7609：2008「3.1 協定質量（conventional mass）」によると，「OIML D 28（空気中の計量結果の協定値）に従って定められた空気中での質量測定の結果についての取り決めによる値，すなわち，20℃の温度で $1.2\ \mathrm{kg/m^3}$ の密度の空気中において被校正分銅と釣合う密度が $8\,000\ \mathrm{kg/m^3}$ の参照分銅の質量」であると定義されている．したがって，アがCの1.2，イがFの8000である．

〔正解〕 5

〔問〕 21

下図に示すロバーバル機構をもつはかりの偏置誤差に関する記述の中から，正しいものを一つ選べ．

ただし，このロバーバル機構の皿受棒の長さは δ だけ短い．

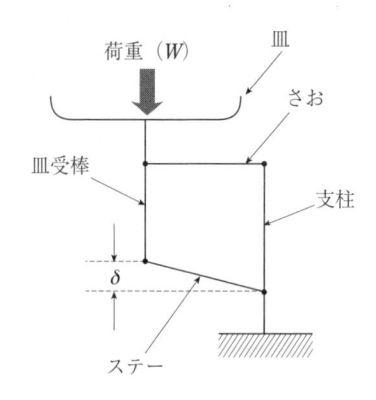

1　偏置誤差は，皿受棒と支柱との距離を長くすると小さくなる．
2　偏置誤差は，δ が小さいほど大きくなる．
3　偏置誤差は，荷重（W）を負荷する位置が皿の中心から離れるほど小さくなる．
4　偏置誤差は，さおとステーとの距離を長くすると大きくなる．
5　偏置誤差は，荷重の大きさに関係なく常に一定である．

〔題意〕 ロバーバル機構の理解度を問う．

128　2．計量器概論及び質量の計量

[解説]　ロバーバル機構を有するはかりの偏置誤差 E は，負荷の偏芯量 e と皿受け棒の長短 δ，荷重の大きさ W および平行リンクの大きさ a, d とすると次式で表される。

$$E = \frac{e\delta}{ad}W$$

したがって，偏置誤差 E は，W, e, δ に比例し，平行リンクの大きさ a, d に反比例する。つまり，偏置誤差 E は，皿受け棒と支柱との距離（＝平行リンクの大きさ）を長くすると小さくなる（**1** は正しい）。**2**，**3**，**4**，**5** は誤りである。

また，さおとステーの距離を長くしてもやはり平行リンクの大きさが大きくなるので偏置誤差は小さくなる。

[正解]　1

[問] 22

棒はかりの水平てこの釣合いを図に示す。図のてこの説明として，誤っているものを次の選択肢の中から一つ選べ。

ただし，図に使用している記号は下記のとおりとする。

A：重点　　　　　W：荷重　　　　　　　a：支点と重点の距離
B：力点　　　　　P：荷重　　　　　　　b：支点と力点の距離
F：支点　　　　　R：支点を引っ張る力　c：支点と重心の距離
G：てこの重心　　Q：てこの質量によって生じる力

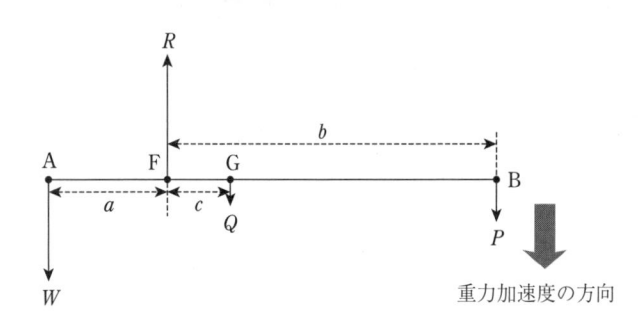

1　てこには，四つの外力が働いている。

2　てこに働くモーメントの代数和は，そのモーメントの絶対値の和である。

3 てこに働く外力の代数和は，零である。
4 モーメント $W \cdot a$ の回転方向を正とすると，$P \cdot b$, $Q \cdot c$ は負となる。
5 R によって支点Fに働くモーメントは，零である。

[題意] てこの釣合いの条件としての知識を問う。

[解説] てこが釣合うとは，水平てこの場合は，てこに品物とおもりを載せたとき，てこが水平になり静止した状態になることである。すなわち，てこに働くすべての力が釣合っていることと，それらの力の支点に対するモーメントが釣合っていることである。ここでは，支点に対して重点，支点および力点の三つの合力と反対の方向に力が働いて釣合っている。

R は支点を引っ張る力なので

$$W + P + Q - R = 0$$

が成り立つ。

ここで，鉛直下向きの力を正とすると，てこは支点を軸として自由に回転できるので，回転しないようにてこが水平に止まるには

$$W \cdot a + P \cdot b + Q \cdot c = R \cdot 0 = 0$$

を満足しなければならない。

$W \cdot a$ の回転方向を正とすると，$P \cdot b$ と $G \cdot c$ は負となる。

以上のことから，説明として誤っているものは **2** であり，モーメントの絶対和ではない。

[正解] 2

[問] 23

「JIS B 7611-2 非自動はかり - 性能要件及び試験方法 - 第2部：取引又は証明用」に規定されている零点設定装置に関する用語をAからDに示し，用語に対応する定義をアからウに示す。用語と定義の正しい組合せを選択肢の中から一つ選べ。

A　初期零点設定装置
B　非自動零点設定装置

130　2. 計量器概論及び質量の計量

C　自動零点設定装置
D　半自動零点設定装置
ア　手動操作によって，自動的に表示を零に設定するための装置
イ　操作者の介在なしで，自動的に表示を零に設定するための装置
ウ　電源投入後に，はかりを使用する前に自動的に表示を零に設定するための装置

	ア	イ	ウ
1	C	B	A
2	D	B	A
3	B	A	C
4	D	C	A
5	B	D	C

[題意] JIS に規定された非自動はかりの零点設定装置に関する用語の知識を問うものである。

[解説]「JIS B 7611-2 非自動はかり - 性能要件及び試験方法 - 第 2 部：取引または証明用」3.2.7.2 によれば，零点設定装置には空掛け時に表示を零に設定するための装置として，非自動零点設定装置，半自動零点設定装置，自動零点設定装置及び初期零点設定装置などがある。

　非自動零点設定装置…操作者によって，表示を零に設定するための装置，
　半自動零点設定装置…手動操作によって，自動的に表示を零に設定するための装置，
　自動零点設定装置…操作者の介在なしで，自動的に零に設定するための装置，
　初期零点設定装置…電源投入後に，はかりを使用する前に自動的に表示を零に設定するための装置，

とある。したがって，アはD：半自動零点設定装置，イはC：自動零点設定装置，ウはA：初期零点設定装置である。

[正解] 4

問 24

計量法に規定されているひょう量 6 kg，精度等級 3 級の非自動はかりの検定公差を示すものはどれか。次の選択肢から，正しいものを一つ選べ。

ただし，この非自動はかりは，0 kg から 3 kg までの目量が 1 g，3 kg を超え 6 kg までの目量が 2 g の多目量はかりである。

1

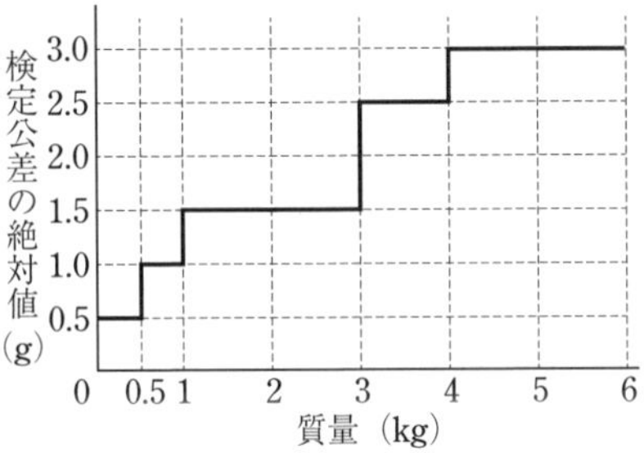

2

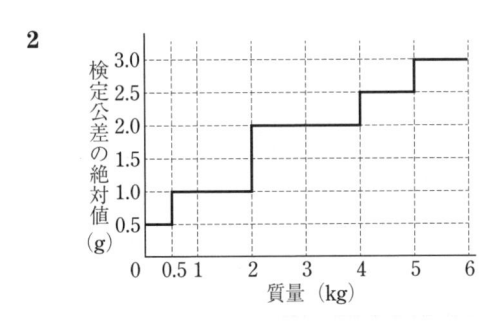

3

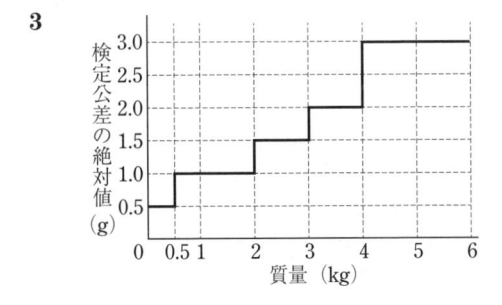

4

（グラフ：検定公差の絶対値(g) 対 質量(kg)。0～0.5で1.0、0.5～3で1.5、3～4で2.0、4～6で3.0の階段状）

5

（グラフ：検定公差の絶対値(g) 対 質量(kg)。0～0.5で0.5、0.5～3で1.0、3～4で1.5、4～6で3.0の階段状）

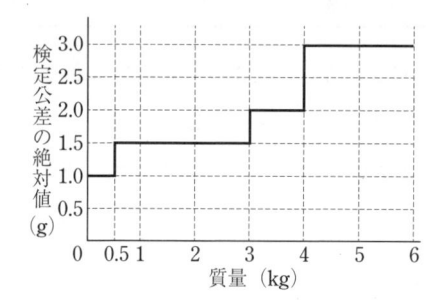

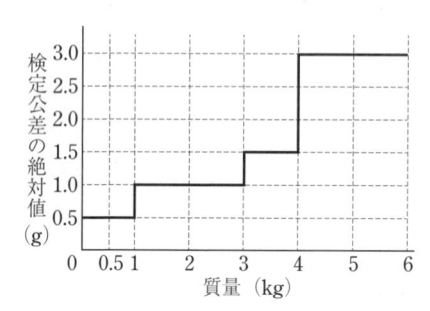

〔題意〕 多目量はかりであり，精度等級が3級，ひょう量が6kgの非自動はかりの検定公差を問うものである。

〔解説〕 多目量はかりとは，一つのはかりの中で異なる目量を有するはかりをいう。多目量はかりの使用公差は目量の大きさごとの部分計量範囲に分けて考える。

本問の多目量はかりは，精度等級が3級，ひょう量が6kgである。

　　0～3 kgの部分計量範囲は目量1 g（A）

　　3～6 kgの部分計量範囲は目量2 g（B）

（A）における検定公差は

　　　　$1\,\mathrm{g} \times 500 = 500\,\mathrm{g}$まで ±0.5目量　±0.5 g

　　　　$1\,\mathrm{g} \times 2\,000 = 2\,000\,\mathrm{g}$まで ±1目量　±1 g

　　　　$1\,\mathrm{g} \times 3\,000 = 3\,000\,\mathrm{g}$まで ±1.5目量　±1.5 g

（B）における検定公差は

　　　　$2\,\mathrm{g} \times 500 = 1\,000\,\mathrm{g}$まで 0.5目量　±1 g　…部分計量範囲外で除外

　　　　$2\,\mathrm{g} \times 2\,000 = 4\,000\,\mathrm{g}$まで 1目量　±2 g　…3 kgを超え4 kgまで適用

2 g×3 000 = 6 000 g まで 1.5 目量　±3 g　…4 kg を超え 6 kg まで適用

したがって，図で表すと検定公差の絶対値として正しいのは **3** となる．

[正 解] **3**

---- [問] 25 ----

計量法に規定されている特定計量器である自動車等給油メーターの器差検定を衡量法で行った．このときの自動車等給油メーターの表示は 50.01 L，基準台手動はかりの読みは 46.50 kg，風袋は 10.00 kg を使用した．

この結果から，計量法に規定されている真実の試験液の体積 Q（L）を求める式はどれか．次の中から，正しいものを一つ選べ．

ただし，基準台手動はかりの器差は 0.00 kg であり，試験液の密度は 0.73 g/cm³ である．

1　$Q = \dfrac{46.50 - 10.00}{0.73 - 0.011}$

2　$Q = \dfrac{46.50 - 10.00}{0.73 - 0.012}$

3　$Q = \dfrac{46.50 - 10.00}{730 - 1.1} \times 1\,000$

4　$Q = \dfrac{46.50 - 10.00}{730 - 1.2} \times 1\,000$

5　$Q = \dfrac{50.01 \times 730}{730 - 1.293}$

[題 意]　自動車給油メーターの衡量法における体積の求める式を問う．毎年 2～3 問の出題があったが，今年度は自動車給油メーターの問題は 1 問しか出題されていない．

[解 説]　自動車用給油メーターの衡量法での体積の計算式は

$$Q = \dfrac{W_2 - W_1}{d - 0.001\,1}$$

で表される．

d は，器差検定時の試験液の温度における密度であり，ここでは 0.73 g/cm³ である．

W_1 は，試験液を容器に受ける前の基準台手動はかりの読みで，ここでは風袋 10.00 kg を使用したので 10.00 kg である。すなわち容器の質量が 10.00 kg であるといえる。

W_2 は，試験液を容器に受けた後の基準台手動はかりの読みで，ここでは 46.5 kg（器差は 0.00 kg）である。

したがって，試験液の体積 Q は，

$$Q = \frac{W_2 - W_1}{d - 0.001\,1}$$

$$= \frac{46.50 - 10.00}{730 - 1.1} \times 1\,000$$

で表される。

〔正 解〕 3

2.3 第64回（平成26年3月実施）

---- 問 1 ----

計量に関する用語とその説明の中から，誤っているものを一つ選べ。

1 校正：指定の条件下において，第一段階で，計量標準により提供される測定不確かさを伴う量の値と，付随した測定不確かさを伴う当該の指示値との関係を確立し，第二段階で，この情報を用いて指示値から測定結果を得るための関係を確立する操作。

2 精密さ：文書化された切れ目のない校正の連鎖を通して，測定結果を計量参照に関連づけることができるという測定結果の性質。

3 測定：ある量に合理的に結びつけることが可能な一つ以上の量の値を，実験的に得るプロセス。

4 法定計量：法律に基づいて，計量，計量単位，計量器及び測定方法に関係し，適格な能力をもった機関によって行われる計量計測に関する活動の一部。

5 検定：あるものを一定の基準に従って検査し，それが基準に合致しているかどうかを確定又は認定すること。

【題意】 計量に関する用語の説明を問うものである。

【解説】 校正とは，JIS Z 8103：2000 の JIS 計測用語の定義では，「特定の条件下における一連の作業で，計器又は測定システムによって指示される量の値，若しくは実量器又は標準物質の表す値と，標準によって実現される値との間の関係を確定する一連の作業。」と定義されている。校正結果は，校正証明書または校正報告書と呼ばれる文書に記録する。これらの文書には，校正結果の不確かさを示し，国家標準などSI単位を実現している標準へのトレーサビリティを保証していることを記載するとあり，1 の記述を網羅している。

精密さとは，測定を繰り返して生じるばらつきが小さい程度のことをいう。ここに書かれている記述は，トレーサビリティのことである。したがって，正解は **2** である。ほかの **3，4，5** の記述は正しい。

[正解] 2

---- [問] 2 ----

測定の不確かさに関する次の記述の中から，誤っているものを一つ選べ．

1 不確かさの概念では，「真の値」を知ることはできないと考えられている．

2 不確かさの推定においては，測定対象量の正しい定義が必要である．

3 ある測定結果の不確かさが複数の独立した要因による場合，それぞれの要因の不確かさから合成標準不確かさを求めることができる．

4 不確かさを統計的に求めることができない場合には，既存の知識から推定することができる．

5 標準不確かさとは，測定結果のばらつきが正規分布に従うと仮定した場合の標準偏差の2倍に相当する．

[題意] 測定の不確かさについて考え方を問う．

[解説] Guide to the Expression of Uncertainty in Measurement（略称 GUM：日本語名「計測における不確かさの表現ガイド」）では，標準不確かさの方法をつぎの2種類に分類している．

Aタイプ：統計的方法によって見積もる不確かさの成分
Bタイプ：統計的方法以外の方法によって見積もる不確かさの成分

Aタイプの不確かさを求めるには，実際に自分で測定したデータに基づいて統計的に解析し，データのばらつきを標準偏差で求める．複数のデータが得られれば，この繰り返しデータに対して実験標準偏差 s は次式で求められる．

$$s = \sqrt{\frac{\sum(x_i - \overline{x})}{n-1}}$$

x_i：測定データ，$\overline{x}$：平均値，n：測定回数

この実験標準偏差は1回だけ測定で x_i を得るときの標準不確かさを表す．なお，m 回測定したデータの平均値を測定値とし，それを n 回繰り返した場合は上式をさらに $\sqrt{m}$ で割った値が平均値の実験標準偏差と呼ばれる．この平均値の実験標準偏差が A

タイプの評価で求められた標準不確かさである。このように標準不確かさは，測定結果のばらつきが正規分布に従うと仮定した場合の標準偏差の2倍とはならない。したがって，**5**が誤りである。

Bタイプの不確かさを求めるには

(a) 測定試料や計測器に関する知識・経験

(b) 計測器の性能，仕様書に記載された精度，確度

(c) 校正証明書や成績書記載のデータ

(d) 引用したデータや定数の不確かさ

の四つの技術情報を参考にする。

4はBタイプの説明であり，正しい。また，**1**，**2**，**3**も正しい。

[正解] 5

---- [問] 3 ----

同一の測定対象量について複数回の測定を行った。この場合の測定結果に関する次の記述の中から，誤っているものを一つ選べ。

1 同一の測定装置と測定手順の下で，同一の測定対象量を繰り返して測定したときの指示値のばらつきから，測定の繰返し性を推定できる。

2 測定場所，測定者，又は測定装置を一定範囲内で変えて行った同一の測定対象量に対する指示値のばらつきから，測定の再現性を推定できる。

3 環境の影響を受けにくい測定装置を用いた場合，繰返し性と再現性の値の差は小さい。

4 標準偏差で表した繰返し性と再現性の値を比べると，繰返し性の値がつねに大きい。

5 環境条件の影響が既知の場合は，その影響を補正した値のばらつきから測定の再現性が推定できる。

[題意] 繰り返し性と再現性に関して内容を問う。

[解説] 繰り返し性とは，例えばマイクロメータを用いて続けて何回かワークの測定を繰り返したとき，個々の測定値が一致する度合い，または性質のことをいう。

この測定は，測定条件を変えずに比較的短時間に行うもので，当然指示値のばらつきは小さくなる。

繰り返し性に対して，再現性は，例えば別の作業者が同じマイクロメータを用いて測定したが，時期を違え，翌日測定したときの個々の測定値が一致する度合い，または性質をいう。

したがって，**4**の繰り返し性と再現性の測定のばらつきを比べると再現性のほうが大きくなるので，この記述が誤りである。**1**，**2**は正しい。また，**3**の環境の影響が小さい測定装置を用いたときに両者の差は小さくなるので正しい。**5**は，環境条件の影響が既知であれば，その影響を補正したばらつきから測定の再現性を推定できるので正しい。

[正 解] 4

[問] 4

液体の粘度及び動粘度の測定に使用される計量器に関する次の記述の中から，誤っているものを一つ選べ。

1 細管粘度計は，密度の測定を行わずに，動粘度を直接求めることができる。

2 細管粘度計は，内径が均一な細管中に層流状態で試料を流し，一定体積の試料が流れるために要する時間を測定して粘度を求める。

3 振動粘度計は，振動片の固有振動数が液体の粘度のみに比例して変化する原理を利用して粘度を求める。

4 落球粘度計は，試料中に球を落下させ一定距離を落下するために要する時間を測定して試料の粘度を求める。

5 共軸二重円筒形回転粘度計は，同一中心軸をもつ外筒及び内筒の隙間に満たされた試料を層流状態で回転流動させ，トルク又は角速度を測定して粘度を求める。

[題 意] 各種粘度計について知識を問う。

[解 説] 細管粘度計の一種である毛細管式粘度計は，一定体積の試料が自由落下

により毛細管を通過して流れるのに要する時間 t を測定して動粘度 v を求めることができる。またそれぞれの毛細管粘度計には粘度計定数 C が定められており，この定数は校正用標準液で校正して得られた定数である。毛細管粘度計を使った動粘度の測定式は $v = Ct$ となり，密度の測定を行わずに動粘度を直接求めることができるので，**1** は正しい。

細管粘度計は，細管中を流体が流下するとき，粘度の大きさによって落下時間が異なることを利用している。ハーゲン・ポアズイユの法則は，細管中を層流状態で流体が流れるときに使用する公式で，細管の両端間の寸法，差圧，流量および粘度を用いて表され，細管粘度計に応用されている。ここで，細管の半径 r，長さ l，細管の入口と出口の圧力差 P，体積 V の流体が流れきるときの時間 t および流量を q とすると，粘度を求める式は

$$\eta = \frac{\pi r^4 tP}{8lV} = \frac{\pi r^4 P}{8lq}$$

で表される。したがって粘度は，一定の容器に入れた液体が細い管から一定量だけ流れ出るのに要する時間で求められるので，**2** は正しい。

粘度 η の一様な流体中を半径 r の球が一定速度 v で動くとき，球には $F = 6\pi r \eta v$ の大きさの抵抗 F が働く。これがストークスの法則である。落球粘度計は，この法則を利用して流体の粘度を求めるもので，球が流体中を自由落下するとき落下速度は次第に増すが，ついには一定の終末速度に達して，球の見かけの重さとストークスの抵抗力とがつり合い，つぎの関係式が成立する。

$$\eta = \frac{d^2 (\rho_0 - \rho) g}{18v}$$

ここで球の密度を ρ_0，流体の密度を ρ とすれば，一定距離間を球が通過する時間測定のみから求まることがわかるので，**4** は正しい。

共軸円筒回転計は共軸円筒の間に被測定流体を入れ，外筒を回転させて，内筒側面にかかる力による内筒のねじれ量を測定することで粘度を計測できるので，**5** は正しい。

振動粘度計は，短冊状の薄い金属片を高周波数で振動させて，振動の減衰を電気的に検出し処理する。その時の駆動電流を変化させることにより粘性による駆動力と粘度×密度が比例関係にあることから粘度の値を得るものである。したがって，**3** の振

動片の固有振動数と液体の粘度が比例関係にあることは誤りである。

[正 解] 3

---- [問] 5 ----

比重瓶を使用して固体の密度を求めるには，比重瓶の質量 M_0（図1），比重瓶に試料を入れたときの質量 M_1（図2），さらに比重瓶の標線まで密度標準液を入れたときの質量 M_2（図3），比重瓶に標線まで密度標準液のみを入れたときの質量 M_3（図4）を測定する。

これらの質量より試料の質量 $m_0 = M_1 - M_0$，比重瓶に入れた密度標準液の質量 $m_1 = M_2 - M_1$，試料と同じ体積の密度標準液の質量 $m_2 = M_3 - M_0 - m_1$ を求め，試料の密度を求める。密度標準液の密度を d_s としたとき，試料の密度を求める式を，選択肢の中から一つ選べ。

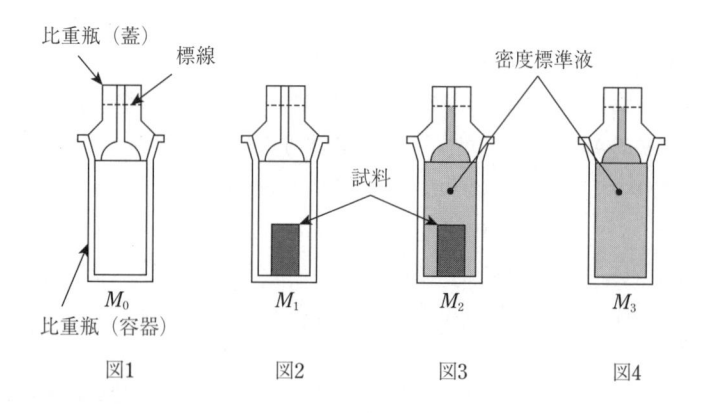

図1　図2　図3　図4

1　$(m_0/m_2)d_s$
2　$(m_0/m_1)d_s$
3　$(m_1/m_2)d_s$
4　$(m_2/m_0)d_s$
5　$(m_1/m_0)d_s$

[題 意]　比重瓶を用いて固体の密度を求める問題である。

【解説】 体積は質量を密度で割れば求められる。ここで，試料と同じ体積の密度標準液の質量を m_2，そのときの密度は d_s である。試料の密度を d_X とすると，試料の体積は m_0/d_X であるから，$m_0/d_X = m_2/d_s$ より，$d_X = (m_0/m_2)/d_s$ が成り立つ。

【正解】 1

【問】 6

円筒などの外径を測定する外側マイクロメータに関する次の記述の中から，正しいものを一つ選べ。

1 測定のためにスピンドルに加える力は，強いほど良い。
2 スピンドルとアンビルの測定面の形状測定は，オプチカルフラットを用いて干渉縞を観測して行う。
3 フレームを素手でしっかりと握りしめて，ゆっくりと測定する必要がある。
4 被測定物とマイクロメータが点接触するように，スピンドルとアンビルの測定面は球面に仕上げてある。
5 スピンドルの送り誤差は，光波干渉計を使って評価しなければならない。

【題意】 マイクロメータの基本的な使用方法を問う。

【解説】 スピンドルとアンビルで測定対象を強く挟めば，フレームが開いたり被測定物が変形したりするから 1 は適切でない。3 は手の熱がフレームを変形させるから不適切である。スピンドルとアンビルの先端は平面形状となっているので 4 も不適切である。スピンドルの送り誤差は，寸法の異なるブロックゲージなど端度器で検査されるので 5 も不適切である。マイクロメータのスピンドルとアンビルの測定面の形状測定は，オプチカルフラットを当てて，その干渉縞から表面の異常を推測できるので，2 が正しい。

【正解】 2

【問】 7

精密な長さの計量器は，「被測定物と測定の基準は，測定軸方向の同一直線上

に配置されなければならない」というアッベの原理を満たすように作られている．以下に示した計量器の中で，アッベの原理を満たしているものに○，満たしていないものに×を付けた．次の組合せの中から，正しいものを一つ選べ．

	マイクロメータ	ダイヤルゲージ	ノギス
1	×	×	×
2	○	○	○
3	○	×	×
4	○	×	○
5	○	○	×

[題意] アッベの原理が使用されている計量器とそうでないものを問う．

[解説] アッベの原理は，被測定物と標準尺を測定軸方向の同一線上に配列することで誤差を小さくするものである．マイクロメータは，被測定物を挟んだスピンドルと目盛軸が直線状に配置されている（図(a)）．ダイヤルゲージは，スピンドルまたは測定子の変位を機械的に拡大し，回転変位に変換して指針を一回転以上にさせる機構を有する．被測定物に対して直角に測定子を配置しないと誤差を生じることもあるが，原理的にはアッベの原理を用いている．しかし，ノギスは，被測定物を挟み込む測定面と本尺の目盛軸が同一でないため（図(b)），アッベの原理に適用しない．

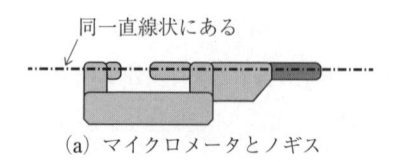

(a) マイクロメータとノギス

(b) ノギス

図 マイクロメータとノギス

[正解] 5

問 8

流量標準に用いる臨界ノズルに関する次の説明の中から，誤っているものを一つ選べ．

1 流量値は，ノズルの寸法・形状によらない．

2 気体を対象として用いられる。
3 流量値は，流体中の音速に応じて決まる。
4 レイノルズ数を考慮する必要がある。
5 流体の温度と密度を考慮する必要がある。

[題意] 流量計の構造の基礎知識を問う。

[解説] 川の流れに例えると川幅が狭いところでは流れが速い，川幅が広いところでは流れが遅くなる。そのような物理現象を利用したのが臨界ノズルである。ノズルの形状は決まっており，図に示したラバール・ノズル（流れをいったん絞った後，拡大された管）である。気体が亜音速（音速に比べ6〜7割程度の速さ）の状態で狭いところを通ると流速が早くなり音速に達する。この音速に達した状態を臨界状態という。臨界状態でノズルを通過する流量は，(流出係数)×(スロート部での音速)×(スロート部断面積)×(密度) で決まる（**3**は正しい）。ここで流出係数は，スロート部に発生する境界層の係数であるレイノルズの関数で表される（**4**は正しい）。その後，広いところを通ると亜音速に戻る。

臨界ノズルは単体では流量を求められないが，臨界ノズルのスロート径，流出係数，臨界ノズルの圧力，温度，密度，湿度などを計測することにより求めることができる（**5**は正しい）。また，測定対象は気体である（**2**は正しい）。流量値は当然，ノズルの寸法・形状によって変わってくる（**1**は誤り）。

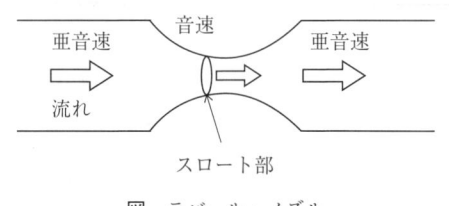

図 ラバール・ノズル

[正解] 1

問 9

一軸の半導体加速度センサに関する次の記述の中から，誤っているものを一つ選べ。

1　小型化し質量が小さくなるほど固有振動数は高くなる。
2　測定する加速度ベクトルの方向と感度軸を一致させる必要がある。
3　感度軸と直交する方向の加速度は無視できる。
4　角加速度の影響を考慮する必要がある。
5　固有振動数以上の振動数の加速度測定には適さない。

【題意】　一軸の半導体加速度センサに関する知識を問う。

【解説】　一軸の半導体加速度センサは，加速度検出素子部と検出信号を増幅して信号処理する電子回路部（半導体センサ）からなる。半導体の微細加工技術を応用したMEMS（メムス）半導体加速度センサが最も汎用されている。

1，5は一般的なセンサの持っている特性であり，正しい。2，4は問題文から一軸のセンサであり，一自由度であれば回転による影響や感度軸の一致を考慮すべきであり，正しい。また，5と反対の意味で，一自由度の感度の軸がこれに90°傾いている3では当然感度が得られないため測定はできない。

【正解】　3

問 10

熱電対に関する次の記述の中から，誤っているものを一つ選べ。

1　常用限度とは，空気中において連続使用できる温度の限度をいい，熱電対の種類及び素線径に依存する。
2　基準接点とは，熱電対と導線との接続点，又は補償導線と導線との接続点を一定温度に保つようにしたものである。
3　保護管とは，測温接点や素線が，被測温物，雰囲気などに直接接触しないように保護するために用いる管である。
4　補償導線は，熱電対と基準接点との間の接続に用いられ，熱電対の電気抵抗を補償するために使用するものである。
5　規準熱起電力とは，基準接点が0℃のとき，測温接点の温度に対応して仮想の規準熱電対が発生する熱起電力である。

【題意】 熱電対の基本的な知識を問うものである。

【解説】 熱電対を使用して測温する場合，熱電対の線をそのまま計測器まで延長して接続するのが理想である。しかし，貴金属熱電対の場合には非常に高価になることや熱電対の材質と異なる金属を使用した場合には，補償接点において熱起電力が生じ，正確な温度測定ができなくなるという欠点がある。そこで常温を含む一定の温度範囲において使用する熱電対と同じか，きわめて類似した熱起電力特性を持つ導線を使用する。この導線を補償導線という。したがって，補償導線は熱電対の"電気抵抗"ではなく"熱起電力"を補償するために使用するものである（**4**は誤り）。

ほかの **1**，**2**，**3** および **5** は，基本的な事柄なので覚えていたほうがよいだろう。

【正解】 **4**

---- 問 11 ----

加熱炉内でヒータからの放射により加熱されている金属塊の温度を，測定窓を通して狭帯域放射温度計を用いて測定する。この場合，放射温度計がとらえる放射エネルギーが必ず正比例するものはどれか。次の中から一つ選べ。

1　測定窓の透過率
2　金属塊表面の放射率
3　金属塊の熱力学温度の4乗
4　ヒータからの放射の強さ
5　放射温度計がとらえる放射光の波長の逆数

【題意】 放射温度計の基礎を問う。

【解説】 放射温度計は，分光放射輝度または放射輝度を測定して，測定対象の温度を求める。

特徴としては，非接触で高温が測定できる。移動物体，測定する物が小さな物体，薄膜などの熱容量が小さい物体でも測定が可能である。しかし，光を強く反射する物体や低温の物体では，放射エネルギーが小さいため誤差が生じやすいので注意が必要である。

また，正確に測定するためには放射温度計の放射率 ε を測定する物体の放射率と等

2. 計量器概論及び質量の計量

しくする必要がある。黒体テープや黒体スプレーなどを使用して，物体の放射率を決めればより正確な測定が可能となる。また，測定窓に使用するガラスにはふっ化バリウムレンズなどが使用される。

　正確な温度測定の基本的な条件は測定対象の放射輝度を正しく測定することと実効放射率の正確な把握である。この設問では，測定窓にガラスを使用しているため，金属塊表面の放射率ではなくガラスの透過率を直接放射温度計で測定している。したがって，正解は **1** である。

[正 解] 1

[問] 12

　一次遅れ形計量器に，周期1秒の正弦波状に変化する入力を与えた。数分後に出力を観察すると，出力も周期1秒の正弦波状に変化していたが，その位相は入力よりも45°遅れていた。この計量器の時定数はおよそ何秒か。次の中から最も近い値を一つ選べ。

1　10秒
2　6.28秒
3　1秒
4　0.16秒
5　0.1秒

[題 意] 一次遅れ形計量器に正弦波状の入力を与えた場合の出力について問う。

[解 説] 一次遅れ型の計量器に，周期1秒の正弦波状に変化する入力を与えた。時定数を τ とすると $\omega = 1/\tau$ の時に，ゲインは $-3\,\mathrm{dB}$，位相遅れは45°となる。この条件に対応する周波数を折れ点周波数という。ここでは $f = 1/(2\pi\tau)$ が折れ点周波数である。

　式を変形して，$\tau = 1/(2\pi f)$ となる。ここで周期は1秒なので周波数は1 Hzとなる。したがって，$\tau = 1/(2\pi)$ となり，$\tau = 1/(2 \times 3.14) = 0.16$ 秒である。

[正 解] 4

問 13

重錘形圧力天びんによって 10.0 MPa の圧力を発生させる。ピストンシリンダ部の有効断面積が $1.00 \times 10^{-6}\,\mathrm{m}^2$ のとき，何 kg の重錘を用いるべきか。次の中から最も近い値を一つ選べ。

ただし，重力加速度は $9.80\,\mathrm{m/s}^2$ とする。

1　10.2 kg
2　1.02 kg
3　1.00 kg
4　0.98 kg
5　0.098 kg

[題意] 重錘型圧力天びんに関する基本的な知識を問う。

[解説] 圧力は，力を単位面積で割ることで求められる。ピストンシリンダの有効断面積を A，重錘の質量 M，重力加速度を g とすると，圧力 P は，$P = Mg/A$ で表される。求める重錘の値を x〔kg〕とすると，問題文より

$$10.0\,(\mathrm{MPa}) = \frac{x\,(\mathrm{kg}) \times 9.80\,(\mathrm{m/s}^2)}{1.00 \times 10^{-6}\,(\mathrm{m}^2)}$$

であるから

$$x = \frac{10.0 \times 10^6 \times 1.00 \times 10^{-6}}{9.80} = 1.02\,\mathrm{kg}$$

となる。

[正解] 2

問 14

デジタル計量器に関する次の記述の中から，誤っているものを一つ選べ。

1　サンプリング時間間隔の2倍よりも長い周期の周波数成分を検出できる。
2　AD 変換器を用いてアナログ信号の量子化を行う際に，量子化誤差が生じる。
3　ゼロ点のドリフトを無視することはできない。

148   2. 計量器概論及び質量の計量

4 測定値の遠隔表示や演算処理に適している。
5 測定値は外部雑音の影響を受けない。

[題意] デジタル計量器についての知識を問う。

[解説] サンプリング時間間隔の逆数をサンプリング周波数という。サンプリング周波数は，最高周波数の2倍以上でなければならないため，デジタル計量器は，サンプリング時間間隔の2倍よりも長い周期の周波数成分を検出できる（**1**は正しい）。デジタル計量器はアナログ量をデジタル化する機構が必要である。あるアナログ量を分割された一つの量で代表することを量子化するという。そのときに量子化誤差は避けられない（**2**は正しい）。また，ゼロ点のドリフトは時間とともに必ず起こるので無視はできない（**3**は正しい）。測定量はデジタル信号化され，ノイズの影響を受けにくくコンピュータで直接入力できるから，測定値の遠隔表示や演算処理に適している（**4**は正しい）。ノイズは受けにくいが，まったく影響を受けないことではない（**5**は誤り）。

[正解] 5

[問] 15

電気標準の基本的要素に関する次の記述の中から，誤っているものを一つ選べ。

1 直流抵抗の国際的な計量標準には量子ホール効果抵抗標準が用いられている。
2 直流電圧の国際的な計量標準にはジョセフソン電圧標準が用いられている。
3 直流電流の国際的な計量標準にはピエゾ素子が用いられている。
4 量子ホール効果抵抗標準については国際的な協定値が決められている。
5 ツェナー電圧発生器は校正して用いる。

[題意] 電気標準の基本的要素について問う。

[解説] 電気の標準は，直流電圧と直流抵抗をオームの法則で組み合わせて求める。

直流電圧の標準は，交流ジョセフソン効果を利用した方法が最も高精度に実現できる。抵抗標準は量子ホール効果を利用した方法が最も高精度に実現できる。**1**，**2** は正しい。

量子ホール効果抵抗標準は，フォン・クリッツィング定数である R_k という記号が用いられ，CCEM（電気・磁気諮問委員会）による 1990 年の勧告により $R_{k-90} = 25\,812.807\,\Omega$ と決められているので **4** も正しい。

ツェナー標準電圧発生器は，標準電池として電圧の標準として使用されている。出力電圧が安定でかつ経年変化も小さいため多くの製造企業や認定事業者の間で現場用の常用標準あるいは特定二次標準器として幅広く使用されている。（独）産業技術総合研究所計量標準総合センター（NMIJ）で校正を行っており，校正して使用しなければならないので **5** も正しい。

ピエゾ（圧電）素子は，水晶やロッシェル塩，チタン酸バリウムなどの結晶体に，特定の方向から力を加えて変形させると，表面に電荷が発生する。力センサなどに用いられる。したがって，**3** のピエゾ素子は直流電流の国際的な計量標準には用いられていない。

〔正 解〕 **3**

------ 〔問〕 **16** ------

密度が ρ の被校正分銅の校正証明書に，「協定質量」が m_c との記載があった。ここで，校正に用いられた参照分銅の密度を ρ_c，空気密度を ρ_a とするとき，被校正分銅の「真の質量」m と m_c との関係を表す数式はどれか。次の中から，正しいものを一つ選べ。

ただし，被校正分銅の校正証明書において，「協定質量は，20℃の温度で 1.2 kg/m³ の密度の空気中において被校正分銅と釣合う密度が 8 000 kg/m³ の参照分銅の質量である。」と定義されている。

1 $\quad m_c \left(1 - \dfrac{\rho_a}{\rho}\right) = m \left(1 - \dfrac{\rho_a}{\rho_c}\right)$

2 $\quad m_c \left(1 - \dfrac{\rho_a}{\rho_c}\right) = m \left(1 - \dfrac{\rho_a}{\rho}\right)$

3 $m_c \left(1 - \dfrac{\rho_a}{\rho}\right) = m \left(1 - \dfrac{\rho_c}{\rho}\right)$

4 $m_c \left(1 - \dfrac{\rho_c}{\rho}\right) = m \left(1 - \dfrac{\rho_a}{\rho}\right)$

5 $m_c \left(1 - \dfrac{\rho}{\rho_c}\right) = m \left(1 - \dfrac{\rho_a}{\rho_c}\right)$

──────────────────────────────

〔題意〕 高精度の質量測定には浮力の補正が必要である。これらの知識について問う。

〔解説〕 空気中にある物体は大気中の浮力の影響を受けて軽く表示される。同じ質量でも密度が異なると,天びんに載せたときに密度が小さいほうが軽く計量される。その大きさは1 m³当り1.2 kgである。

空気の浮力補正について

m_c:空気中で m と釣合う基準分銅の質量

m:被測定物の質量

ρ_c:基準分銅の密度

ρ:被測定物の密度

ρ_a:空気の密度

とすると

基準分銅の体積は, m_c/ρ_c

受ける空気の浮力は, $m_c \rho_a/\rho_c$

被測定物の体積は, m/ρ

受ける空気の浮力は, $m\rho_a/\rho$

基準分銅の空気中の質量は, $m_c g - \dfrac{m_c g}{\rho_c}\rho_a$

被測定物の空気中の質量は, $mg - \dfrac{mg}{\rho}\rho_a$

と表せる。天びんは,基準分銅と被測定物の空気中の質量が等しいときに釣合うから

$$m_c g - \frac{m_c g}{\rho_c}\rho_a = mg - \frac{mg}{\rho}\rho_a$$

$$m_c\left(1-\frac{\rho_a}{\rho_c}\right) = m\left(1-\frac{\rho_a}{\rho}\right)$$

[正解] 2

[問] 17

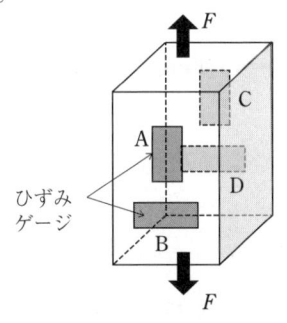

ひずみゲージ式ロードセルに関する次の記述の中から，誤っているものを一つ選べ。

1 弾性体の材質や形状の違いは，ロードセルの性能に影響を与える。
2 一般に，ひずみゲージの抵抗変化は，ブリッジ回路を利用して測定する。
3 ブリッジ回路には，温度補償やゼロ点調整のための抵抗を組み込んだものもある。
4 ブリッジ回路の入力電源には，直流及び交流のどちらも使用できる。
5 弾性体に力が加わると，ブリッジ回路では入力電圧以上の出力電圧を得ることができる。

[題意] ロードセルの基本的原理を問うものである。

[解説] 図のように，ひずみゲージA, Cは荷重方向に，B, Dは荷重軸に対して直角方向に貼られている。4枚のひずみゲージの抵抗値はほぼ同一に調整され，ホイートストンブリッジ回路に組み込まれている。

起歪体に力Fが作用すると，起歪体が軸方向に伸びるため，ひずみゲージA, Cも同時に伸び，起歪体の横軸方向はポアソン比分だけ縮むため，ひずみゲージB, Dは縮む。このひずみに比例して，ひずみゲージの抵抗変化が生じ，ブリッジによって，抵抗変化に比例して電圧変化の値を得ることができる。

図 ひずみゲージ式ロードセル

$$e = \frac{K(\varepsilon_A - \varepsilon_B + \varepsilon_C - \varepsilon_D)e_{in}}{4}$$

ここで　e：出力電圧

　　　　K：ゲージ率

　　　　$\varepsilon_A \sim \varepsilon_D$：起歪体の各ひずみゲージの軸方向に生じるひずみ

　　　　e_{in}：入力電圧

入力電圧 e_{in} はひずみゲージの発熱で規制され，ひずみゲージの抵抗値とロードセルの大きさで安定して測定できる範囲の上限値が決まる。ロードセルの出力電圧 e は入力電圧 e_{in} が 10 V の場合で 30 mV 以下となり，増幅器で増幅することが必要となる。

したがって，入力電圧以上の出力電圧を得ることはできないので **5** は誤りである。

4 のブリッジ回路への入力電源の種類は，一般には直流を用いるが，交流でもひずみの大きさに比例した出力が得られる（**4** は正しい）。

1，**2**，**3** はロードセルの基本的な事柄であり，正しい。

〔正解〕 **5**

問 18

「JIS B 7609 分銅」の規定内容に関する次の記述の中から，正しいものを一つ選べ。

1　1 mg から 20 kg の範囲では，精度等級ごとに公称質量と最大許容誤差の関係は相対的に一定である。

2　500 mg 以下の線状及び板状分銅の形状は，計量法上の基準分銅の形状と同一である。

3　ステンレス鋼製の分銅の質量校正において，磁性による不確かさ成分は無条件で無視できる。

4　校正前の分銅の質量調整について，これが必須であると定めている。

5　500 mg 以下の線状及び板状分銅には，公称値の表記を認めていない。

〔題意〕　JIS B 7609：2008 に規定された内容を問う。

[解説] JIS B 7609：2008 によると

1 は，「規格 6　最大許容誤差」のところに精度等級が掲載されている．1 mg から 20 kg の範囲では，精度等級ごとに公称質量と最大許容誤差との関係は相対的には一定でない．

2 は，「規格 7　形状」で 7.2　1 g 以下の分銅は，多角形の板状または線状とし，下の表 1 に適合する形状でなければならないとある．したがって，計量法上の基準分銅の形状と一部差異がある．

表 1　JIS B 7609 で規定されている分銅の形状

公称値	形状	線状
5 mg，50 mg，500 mg	五角形	五角形又は五線分
2 mg，20 mg，200 mg	四角形	四角形又は二線分
1 mg，10 mg，100 mg，1 g	三角形	三角形又は一線分

計量法上では基準分銅の線状分銅，板状分銅の形状はつぎの表 2 のとおりである．

表 2　計量法で規定されている線状分銅，板状分銅の形状

線状分銅		板状分銅	
形状	表す質量	形状	表す質量
三角形	1 mg，10 mg，100 mg，1 g	三角形	2 mg
四角形	2 mg，20 mg，200 mg	四角形	1 mg
五角形	5 mg，50 mg，500 mg	五角形	5 mg
		六角形	5 mg

3 は，「規格 10　磁性」で 10.3　磁化及び磁化率の局所的な計量値すべてが，限度値未満である場合，分銅の磁性による不確かさ成分は無視できるとあるので，ここでいう無条件というのは誤りである．

4 は，規格の解説 3.2「校正の定義について」のところで "校正時の質量調整の行為は必須である" とは定められていないので誤りである．

5 は，「規格 14　表記」で 1 g を除く板状分銅及び線状分銅には，公称値及び等級の表記をしてはならないとある．したがって，1 g を除くと 500 mg 以下なので正しい．

[正解]　5

2. 計量器概論及び質量の計量

問 19

電子式はかりを用い，試料の質量を空気中で分銅との比較によって測定した。電子式はかりに載せたときの分銅及び試料の表示はそれぞれ等しく1 000.001 gであった。試料の真の質量はいくらか。次の中から，正しいものを一つ選べ。

ただし，分銅の真の質量は1 000.001 g，分銅の体積は126 cm³，試料の体積は121 cm³，比較時の空気密度は0.001 2 g/cm³であった。

1　1 000.007g
2　1 000.005g
3　1 000.001g
4　999.997g
5　999.995g

[題意]　浮力の補正に関する問題である。

[解説]　質量が同じであるが，それぞれに浮力が働いているために真の質量はそれぞれ違ってくる。浮力は，それぞれの体積に空気の密度を乗じたものである。

問題文より

M_A：分銅の真の質量
M_B：試料の真の質量
V_A：分銅の体積
V_B：試料の体積
ρ：比較時の空気の密度

とする。下記の式が成り立つ。

$$M_A - V_A \times \rho = M_B - V_B \times \rho$$

ここで，試料の真の質量 M_B を求めると

$$\begin{aligned}M_B &= M_A - \rho(V_A - V_B) \\ &= 1\,000.001 - 0.001\,2 \times (126 - 121)\ \mathrm{[kg]} \\ &= 999.995\ \mathrm{kg}\end{aligned}$$

[正解]　5

問 20

「JIS B 7611-2 非自動はかり － 性能要件及び試験方法 － 第 2 部：取引又は証明用」に規定されている非自動はかりの表示に関する次の記述の中から，誤っているものを一つ選べ。

1. 目量は，1×10^k，2×10^k 又は 5×10^k 単位の形式でなければならない。ここで，指数 k は正若しくは負の整数又は零に等しい。
2. デジタル表示で小数を表す場合，小数点で整数部と小数部を区別し，整数部は一桁以上の数字で表し，小数部はすべての桁で表す。
3. はかりは，ひょう量から目量の 10 倍を超えて表示をしてはならない。
4. 近似表示装置の目量は，目量の 20 倍以上でひょう量の 1/100 よりも大きくなければならない。
5. 計量結果は，計量単位の名称又は記号を含んでいなければならない。

[題意] 「JIS B 7611-2 非自動はかり － 性能要件及び試験方法 － 第 2 部：取引又は証明用」からの問題である。最近，JIS 規格からの出題が増えているので注意を要する。

[解説] 「JIS B 7611-2 非自動はかり － 性能要件及び試験方法 － 第 2 部：取引又は証明用」の「6.2.3 表示の限界」に"はかりは，ひょう量から目量の 9 倍を超えて表示をしてはならない。"とあるので，**3** の 10 倍は誤りである。**1** は「6.2.2.1 単位及び目量の表示」，**2** は「6.2.2.2 デジタル表示及び小数の表示」，**4** は「6.2.4 近似表示装置」，**5** は「6.6.11 計量結果の印字」にそれぞれ記載されているので JIS 規格を参考にしてほしい。

[正解] 3

問 21

増おもりと送りおもりを併用したはかりについて，図 1 は無負荷状態での釣合い，図 2 は負荷状態での釣合いを示す。図 2 の釣合いの式として，選択肢の中から，正しいものを一つ選べ。

A：作用点　　B：増おもりの力点　　F：支点

P:増おもりの荷重　　Q:送りおもりの荷重　　W:荷重
a:支点から作用点までの距離
b:支点から増おもりの力点までの距離
c:支点から負荷時の送りおもりまでの距離
c_0:支点から無負荷時の送りおもりまでの距離（$c_0>0$）

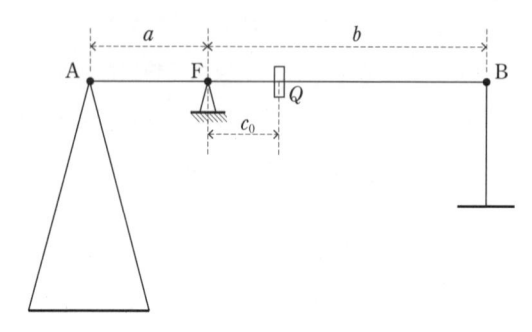

図1　無負荷状態での釣合い

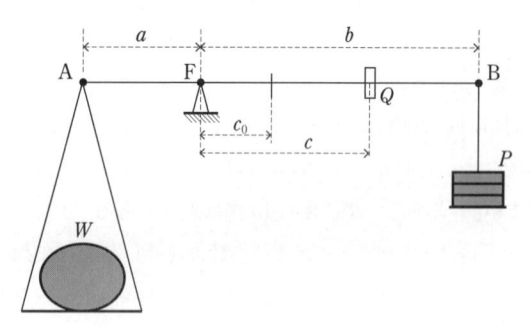

図2　負荷状態での釣合い

1　$W \times a = P \times b + Q \times c$

2　$W \times a = P \times b + Q \times (c - c_0)$

3　$W \times a = P \times b - Q \times (c - c_0)$

4　$W \times a = (P + Q) \times (b + c)$

5　$W \times a = \dfrac{(P + Q) \times (b + c)}{2}$

[題意] 送りおもりが付いたてこの釣合わせについて問う。

[解説] 送りおもりは，台手動はかり，皿手動はかりなどに使用されている。
支点Fからaの距離のところに掛けられた皿が，支点Fからc_0にある質量Qの送りおもりと支点Fからbの距離のところにある増しおもりの皿が釣合っている。そのときにそれぞれの皿にW，Pの荷重を掛け，送りおもりをcに移動させて釣合ったとすると，WとPの関係は次式のようになる。

$W \times a = P \times b + Q \times (c - c_0)$

[正解] 2

[問] 22

計量法上の特定計量器であって，精度等級が3級，ひょう量が6 kg，目量が1 gの非自動はかりの使用中検査を行う。「性能に係る技術上の基準」である繰返し性に関する次の記述の中から，正しいものを一つ選べ。

1 ひょう量に相当する質量の分銅を使用し，3回の計量を行う。
2 同一荷重による3回の計量結果の最大値と最小値の差は，その荷重に対するはかりの使用公差の絶対値を超えてはならない。
3 ひょう量の約50％の質量の分銅を使用し，3回の計量を行う。
4 計量中にゼロ点が変動した場合，ゼロ点を再設定してはならない。
5 載せ台の中央から偏った位置に分銅を加除し，計量を行う。

[題意] JIS B 7611-2の中の繰り返し性についての知識を問うものである。

[解説] 「JIS B 7611-2 非自動はかり－性能要件及び試験方法附属書JB（規定）使用中検査」からの問題である。「JB.3.2 繰り返し性」によると"精度等級3級のはかりは，ひょう量の約25％の荷重において，繰り返し3回の計量を行う。"とある。ここで，1は"ひょう量に相当する"とあるので誤りである。3は"ひょう量の50％"とあるが同規格 附属書JA（規定）検定「JA.2.1.2.4 繰り返し性」では50％となっている。しかし，ここでは使用中検査なので誤りである。また，「JB.3.2 繰り返し性」で"計量中に零点が変動した場合には，はかりは零点に再設定しなければならない"とあるので4も誤りである。5は載せ台の中央から偏った位置に分銅を置いてはいけ

ないので誤りである。

2は，同規格「5.6.1 繰り返し性」より"同一荷重による数回の計量結果の間の差は，その荷重に対するはかりの検定公差の絶対値を超えてはならない"とあり，ここで計量結果の差（最大値と最小値の差）および"検定公差"を"使用公差"に変えてもいいことにより，この記述は正しい。

[正 解] 2

---- [問] 23 ----

計量法上の特定計量器であって，精度等級が3級，ひょう量が3kg，目量が1gの非自動はかりの使用公差を表す図はどれか。次の中から，正しいものを一つ選べ。

1

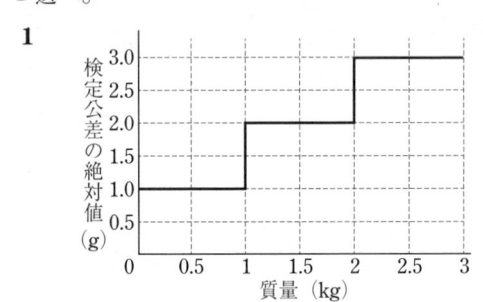

（検定公差の絶対値 (g) を縦軸，質量 (kg) を横軸とする階段状グラフ：0～1 kgで1.0，1～2 kgで2.0，2～3 kgで3.0）

2

（検定公差の絶対値 (g) を縦軸，質量 (kg) を横軸とする階段状グラフ：0～0.5 kgで0.5，0.5～1.5 kgで1.0，1.5～3 kgで1.5）

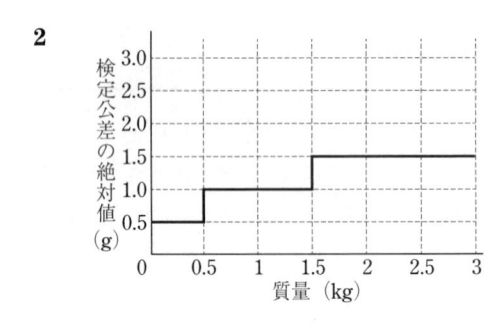

3

グラフ：検定公差の絶対値（g）縦軸，質量（kg）横軸
- 0〜0.5 kg：1.0 g
- 0.5〜1.5 kg：2.0 g
- 1.5〜3 kg：3.0 g

4

グラフ：検定公差の絶対値（g）縦軸，質量（kg）横軸
- 0〜0.5 kg：0.5 g
- 0.5〜2 kg：1.0 g
- 2〜3 kg：1.5 g

5

グラフ：検定公差の絶対値（g）縦軸，質量（kg）横軸
- 0〜0.5 kg：1.0 g
- 0.5〜2 kg：2.0 g
- 2〜3 kg：3.0 g

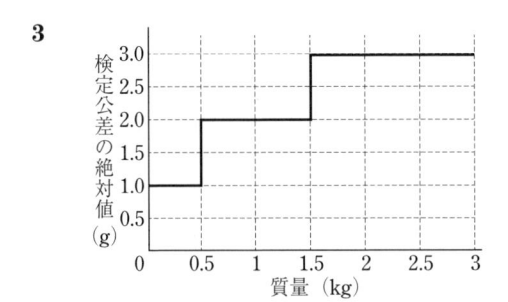

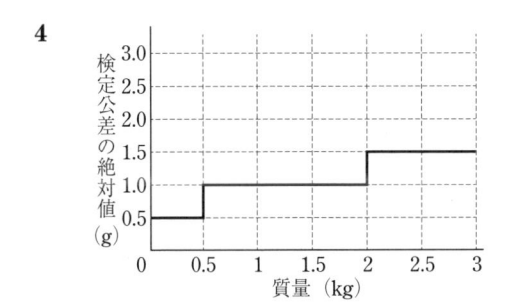

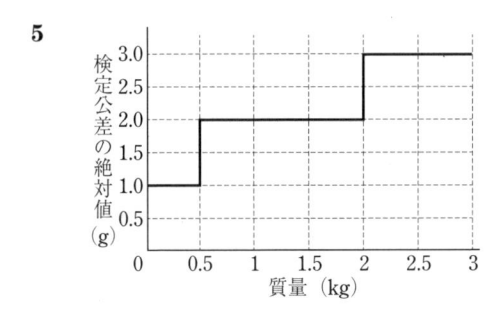

【題意】 精度等級が3級，ひょう量が3 kgの非自動はかりの使用公差を問う。これまでは多目量はかりの問題が多かったが，今回は単目量はかりの使用公差が問われている。

【解説】 0〜3 kgの部分計量範囲は目量1 gである。検定公差は

1 g×500＝500 gまで 0.5目量 ±0.5 g

1 g×2 000＝2 000 gまで 1目量 ±1 g

1 g×3 000＝3 000 gまで 1.5目量 ±1.5 g

ここで使用公差は，検定公差の2倍であるため

 0.5 kg までは ±1 g

 0.5 kg を超え 2 kg までは ±2 g

 2 kg を超え 3 kg までは ±3 g

したがって，図で表すと使用公差の絶対値として正しいのは **5** となる。

[正 解] 5

[問] 24

計量法上の特定計量器であって，精度等級が3級，ひょう量が3 kg，目量が1 gの載せ台を有する非自動はかりの使用中検査を行う。「器差検査」に関する次の記述の中から，誤っているものを一つ選べ。

1 使用公差は，検定公差の2倍である。

2 ひょう量付近，最小測定量及び使用公差が変わる付近を含めた三つ以上の荷重について行う。

3 使用する基準分銅の器差は，検査を行うはかりの使用公差の1/3を超えないものとする。

4 使用する場所の重力加速度が表記されている場合は，その重力加速度の補正を行わなければならない。

5 使用する基準分銅は，載せ台のほぼ中央に載せて行う。

[題 意] JIS B 7611-2 使用中検査の器差検定についての知識を問う。問 22 に続いて「JIS B 7611-2 非自動はかり − 性能要件及び試験方法　附属書 JB（規定）使用中検査」からの問題である。

[解 説] **1** は JB.2 使用公差より正しい。JB.4.2　器差検査の方法により"ひょう量が1 t 以下のはかりの場合は，ひょう量，最小測定量及び使用公差が切り換わる値又はその近くの値"とあるので **2** は正しい。**3** は，JB.4.1 を要約すると"使用する基準分銅の器差は，検査を行うはかりの使用公差の1/3を超えないものとする"とあり正しい。**5** も当然正しい。

4 は，同規格 9.1.2 の d) 重力加速度より，この問題の非自動はかりは，目量の数が

6 000 以下なので，そのはかりを使用する場所で検査を実施する場合は，重力加速度の範囲は不要であることから間違っている。

[正解] 4

----- [問] 25 -----

計量法上の特定計量器である自動車等給油メーターの器差検定を「JIS B 8572-1 燃料油メーター取引又は証明用　第1部：自動車等給油メーター」に従って基準タンクを用いて行った。このときの自動車等給油メーターの表示は 10.00 L，基準タンクの読みは 10.01 L であった。この自動車等給油メーターの器差と検定公差はどれか。次の組合せの中から，正しいものを一つ選べ。

ただし，基準タンクの器差は +0.01 L とする。

	器差	検定公差
1	0.0%	±0.5%
2	0.0%	±1.0%
3	−0.1%	±1.0%
4	+0.2%	±0.5%
5	+0.2%	±1.0%

[題意] 自動車給油メーターの衡量法における体積を求める式を問うものである。毎年 2～3 出題があったが，今年度の自動車給油メーターの問題は 1 問しか出題されていない。

[解説] 燃料油を基準タンクで受け，メーターの指示値と基準タンクの指示値とを比較算出する方法である。

　　受検器の計量値　$I = 10.00$ L

　　基準タンクの表す値　$I' = 10.01$ L

　　基準タンクの器差　$e = +0.01$ L

　　真実の値　$Q = I' - e = 10.01 - (0.01) = 10.00$ L

　　器差率　$E = \left\{ \dfrac{(I-Q)}{Q} \right\} \times 100 = \left\{ \dfrac{(10.00 - 10.00)}{10.00} \right\} \times 100 = 0.0$ %

検定公差は，検定検査規則第 16 条で計量値から真実の値（基準器が表す値，器差のある基準器は器差の補正を行った後の値）を減じた値またはその真実の値に対する割合をいうと定められている。

　自動車等給油メーターの検定公差は検定検査規則第 384 条（JIS B 8572-1：2008）で表記された使用最小流量以上，使用最大流量以下の流量範囲において ±0.5％ と規定している。

　また自動車等給油メーターの使用公差は検定検査規則第 394 条（JIS B 8572-1：2008）で検定公差の 2 倍と規定されており，使用公差は ±1％ となる。

　したがって，器差は 0.0％，検定公差は ±0.5％ となるため正解は **1** である。

[正解] **1**

一般計量士　国家試験問題　解答と解説
1. 一基・計質$\binom{計量に関する基礎知識／}{計量器概論及び質量の計量}$（平成24年〜26年）

　　　　　　　Ⓒ一般社団法人　日本計量振興協会　2015

2015年1月6日　初版第1刷発行

|検印省略|

編　者　一般社団法人
　　　　日本計量振興協会
　　　　東京都新宿区納戸町 25-1
　　　　電話 (03)3268-4920

発行者　株式会社　コロナ社
　　　　代表者　牛来真也

印刷所　萩原印刷株式会社

112-0011　東京都文京区千石 4-46-10
発行所　株式会社　コロナ社
CORONA PUBLISHING CO., LTD.
Tokyo Japan
振替 00140-8-14844・電話(03)3941-3131(代)

ホームページ　http://www.coronasha.co.jp

ISBN 978-4-339-03215-4　　（柏原）　（製本：愛千製本所）　N
Printed in Japan

本書のコピー，スキャン，デジタル化等の無断複製・転載は著作権法上での例外を除き禁じられております。購入者以外の第三者による本書の電子データ化及び電子書籍化は，いかなる場合も認めておりません。

落丁・乱丁本はお取替えいたします

◆コロナ社図書の御案内――――――――――――――――（各巻 A5 判）

計量士（一般計量士・環境計量士）
国家試験問題の対策に必携！
最新刊（平成24年～26年版）発売中

◆日本計量振興協会 編

一般計量士　国家試験問題　解答と解説
1.一基・計質（計量に関する基礎知識／計量器概論及び質量の計量）
168頁　本体2100円

環境計量士（濃度関係）　国家試験問題　解答と解説
2.環化・環濃（環境計量に関する基礎知識／化学分析概論及び濃度の計量）
218頁　本体2700円

一般計量士 環境計量士　国家試験問題　解答と解説
3.法規・管理（計量関係法規／計量管理概論）
176頁　本体2200円

平成21年～23年版も好評発売中です。

定価は本体価格＋税です。
定価は変更されることがありますのでご了承下さい。
図書目録進呈◆